网络空间安全学科系列教材

无线网络安全

杨东晓 张锋 冯涛 任晓贤 编著

U0286623

清华大学出版社

北京

内 容 简 介

本书共分为6章。首先介绍移动互联网及无线互联网的发展、无线网络安全、移动终端及应用安全等基本知识。然后详细介绍无线局域网络安全、无线网络入侵防御、移动终端设备及内容安全管理、移动应用安全等方面的内容。最后通过内网环境安全、内外网安全接入、公有云环境安全、大型活动无线安全、企业办公无线安全、无线城市安全等典型应用场景进行分析，并结合详细案例对需求和解决方案进行详细分析解读，帮助读者更透彻地掌握无线网络安全以及移动设备管理采用的关键技术，培养读者对无线网络场景架构和场景分析的能力。

本书每章后均附有思考题总结该章知识点，以便为读者的进一步阅读提供思路。

本书由奇安信集团针对高等学校网络空间安全专业的教学规划组织编写，既可作为高等学校信息安全、网络空间安全等相关专业的教材，以及网络工程、计算机技术应用型人才培养与认证体系中的培训教材，也可作为负责网络安全运维的网络管理人员和对网络空间安全感兴趣的读者的基础读物。

图书在版编目(CIP)数据

无线网络安全/杨东晓等编著.—北京：清华大学出版社，2021.6
网络空间安全学科系列教材
ISBN 978-7-302-58063-8

Ⅰ.①无… Ⅱ.①杨… Ⅲ.①无线网－网络安全－教材 Ⅳ.①TN926

中国版本图书馆 CIP 数据核字(2021)第 079274 号

责任编辑：张 民 薛 阳
封面设计：常雪影
责任校对：焦丽丽
责任印制：杨 艳

出版发行：清华大学出版社
    网　　址：http://www.tup.com.cn，http://www.wqbook.com
    地　　址：北京清华大学学研大厦 A 座   邮　　编：100084
    社 总 机：010-62770175   邮　　购：010-83470235
    投稿与读者服务：010-62776969，c-service@tup.tsinghua.edu.cn
    质量反馈：010-62772015，zhiliang@tup.tsinghua.edu.cn
    课件下载：http://www.tup.com.cn，010-83470236
印 刷 者：北京富博印刷有限公司
装 订 者：北京市密云县京文制本装订厂
经　 销：全国新华书店
开　 本：185mm×260mm 印　 张：9.5 字　 数：218千字
版　 次：2021 年 6 月第 1 版 印　 次：2021 年 6 月第 1 次印刷
定　 价：36.00 元

产品编号：085317-01

出版说明

21 世纪是信息时代,信息已成为社会发展的重要战略资源,社会的信息化已成为当今世界发展的潮流和核心,而信息安全在信息社会中将扮演极为重要的角色,它会直接关系到国家安全、企业经营和人们的日常生活。随着信息安全产业的快速发展,全球对信息安全人才的需求量不断增加,但我国目前信息安全人才极度匮乏,远远不能满足金融、商业、公安、军事和政府等部门的需求。要解决供需矛盾,必须加快信息安全人才的培养,以满足社会对信息安全人才的需求。为此,教育部继 2001 年批准在武汉大学开设信息安全本科专业之后,又批准了多所高等院校设立信息安全本科专业,而且许多高校和科研院所已设立了信息安全方向的具有硕士和博士学位授予权的学科点。

信息安全是计算机、通信、物理、数学等领域的交叉学科,对于这一新兴学科的培养模式和课程设置,各高校普遍缺乏经验,因此中国计算机学会教育专业委员会和清华大学出版社联合主办了"信息安全专业教育教学研讨会"等一系列研讨活动,并成立了"高等院校信息安全专业系列教材"编委会,由我国信息安全领域著名专家肖国镇教授担任编委会主任,指导"高等院校信息安全专业系列教材"的编写工作。编委会本着研究先行的指导原则,认真研讨国内外高等院校信息安全专业的教学体系和课程设置,进行了大量具有前瞻性的研究工作,而且这种研究工作将随着我国信息安全专业的发展不断深入。系列教材的作者都是既在本专业领域有深厚的学术造诣,又在教学第一线有丰富的教学经验的学者、专家。

该系列教材是我国第一套专门针对信息安全专业的教材,其特点是:

① 体系完整、结构合理、内容先进。

② 适应面广:能够满足信息安全、计算机、通信工程等相关专业对信息安全领域课程的教材要求。

③ 立体配套:除主教材外,还配有多媒体电子教案、习题与实验指导等。

④ 版本更新及时,紧跟科学技术的新发展。

在全力做好本版教材,满足学生用书的基础上,还经由专家的推荐和审定,遴选了一批国外信息安全领域优秀的教材加入系列教材中,以进一步满足大家对外版书的需求。"高等院校信息安全专业系列教材"已于 2006 年年初正式列入普通高等教育"十一五"国家级教材规划。

2007 年 6 月,教育部高等学校信息安全类专业教学指导委员会成立大会暨第一次会议在北京胜利召开。本次会议由教育部高等学校信息安全类专业教学指导委员会主任单位北京工业大学和北京电子科技学院主办,清华大学出版社协办。教育部高等学校信息安全类专业教学指导委员会的成立对我国信息安全专业的发展起到重要的指导和推动作用。2006年,教育部给武汉大学下达了"信息安全专业指导性专业规范研制"的教学科研项目。2007年起,该项目由教育部高等学校信息安全类专业教学指导委员会组织实施。在高教司和教指委的指导下,项目组团结一致,努力工作,克服困难,历时5年,制定出我国第一个信息安全专业指导性专业规范,于2012年年底通过经教育部高等教育司理工科教育处授权组织的专家组评审,并且已经得到武汉大学等许多高校的实际使用。2013年,新一届教育部高等学校信息安全专业教学指导委员会成立。经组织审查和研究决定,2014年,以教育部高等学校信息安全专业教学指导委员会的名义正式发布《高等学校信息安全专业指导性专业规范》(由清华大学出版社正式出版)。

2015年6月,国务院学位委员会、教育部出台增设"网络空间安全"为一级学科的决定,将高校培养网络空间安全人才提到新的高度。2016年6月,中央网络安全和信息化领导小组办公室(下文简称"中央网信办")、国家发展和改革委员会、教育部、科学技术部、工业和信息化部及人力资源和社会保障部六大部门联合发布《关于加强网络安全学科建设和人才培养的意见》(中网办发文〔2016〕4号)。2019年6月,教育部高等学校网络空间安全专业教学指导委员会召开成立大会。为贯彻落实《关于加强网络安全学科建设和人才培养的意见》,进一步深化高等教育教学改革,促进网络安全学科专业建设和人才培养,促进网络空间安全相关核心课程和教材建设,在教育部高等学校网络空间安全专业教学指导委员会和中央网信办组织的"网络空间安全教材体系建设研究"课题组的指导下,启动了"网络空间安全学科系列教材"的工作,由教育部高等学校网络空间安全专业教学指导委员会秘书长封化民教授担任编委会主任。本丛书基于"高等院校信息安全专业系列教材"坚实的工作基础和成果、阵容强大的编委会和优秀的作者队伍,目前已有多部图书获得中央网信办与教育部指导和组织评选的"网络安全优秀教材奖",以及"普通高等教育本科国家级规划教材""普通高等教育精品教材""中国大学出版社图书奖"等多个奖项。

"网络空间安全学科系列教材"将根据《高等学校信息安全专业指导性专业规范》(及后续版本)和相关教材建设课题组的研究成果不断更新和扩展,进一步体现科学性、系统性和新颖性,及时反映教学改革和课程建设的新成果,并随着我国网络空间安全学科的发展不断完善,力争为我国网络空间安全相关学科专业的本科和研究生教材建设、学术出版与人才培养做出更大的贡献。

我们的E-mail地址是:zhangm@tup.tsinghua.edu.cn,联系人:张民。

"网络空间安全学科系列教材"编委会

前　言

没有网络安全,就没有国家安全;没有网络安全人才,就没有网络安全。

为了更多、更快、更好地培养网络安全人才,许多高等学校都在加大各方面投入,聘请优秀教师,招收优秀学生,建设一流的网络空间安全专业。

网络空间安全专业建设需要体系化的培养方案、系统化的专业教材和专业化的师资队伍。优秀教材是网络空间安全专业人才的关键,但这却是一项十分艰巨的任务,原因有二:其一,网络空间安全的涉及面非常广,包括密码学、数学、计算机、通信工程等多门学科,因此,其知识体系庞杂、难以梳理;其二,网络空间安全的实践性很强,技术发展更新非常快,对环境和师资要求也很高。

"无线网络安全"是网络空间安全和信息安全专业的基础课程,通过介绍无线网络安全防御和移动设备应用案例,掌握无线网络安全知识和移动终端安全管理。

本书涉及的知识面较宽,共分为6章。第1章介绍无线网络安全基础知识,第2章介绍无线局域网安全,第3章介绍无线网络入侵防御,第4章介绍移动终端设备及内容安全管理,第5章介绍移动应用安全,第6章介绍典型案例。

本书既适合作为高等学校网络空间安全、信息安全等相关专业的教材,也适合作为网络安全研究人员关于网络空间安全的入门基础读物。随着新技术的不断发展,今后将不断更新图书内容。

由于作者水平有限,书中难免存在疏漏和不妥之处,欢迎读者批评指正。

作　者
2021 年 1 月

目 录

第1章

基本知识

1.1 移动互联网及无线互联网发展概述

1.1.1 移动互联网及无线互联网发展历程

在过去的十几年中,世界逐渐走向移动化,连接世界的传统方式已经无法应对日益加快的生活节奏和全球化带来的挑战,因此使用移动终端连接互联网成为发展趋势。目前,移动终端连接互联网主要通过两种方式:移动互联网和无线网络。

移动互联网起源于移动通信网络与互联网的结合。移动通信技术在过去的几十年中发生了巨大的变化,移动网络演进过程如图 1-1 所示。

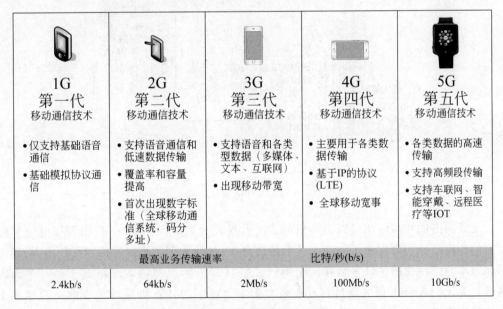

1G 第一代 移动通信技术	2G 第二代 移动通信技术	3G 第三代 移动通信技术	4G 第四代 移动通信技术	5G 第五代 移动通信技术
• 仅支持基础语音通信 • 基础模拟协议通信	• 支持语音通信和低速数据传输 • 覆盖率和容量提高 • 首次出现数字标准(全球移动通信系统,码分多址)	• 支持语音和各类型数据(多媒体、文本、互联网) • 出现移动带宽	• 主要用于各类数据传输 • 基于IP的协议(LTE) • 全球移动宽事	• 各类数据的高速传输 • 支持高频段传输 • 支持车联网、智能穿戴、远程医疗等IOT
最高业务传输速率			比特/秒(b/s)	
2.4kb/s	64kb/s	2Mb/s	100Mb/s	10Gb/s

图 1-1　移动网络演进过程

20 世纪 80 年代开始提出第一代移动通信技术(The 1st Generation,1G),第一代移动通信网络采用模拟语音调制技术,其业务量小、质量差、安全性差、速度低。20 世纪 80 年代中期,欧洲等发达国家开始研制第二代移动通信技术(The 2nd Generation,2G),欧洲国家主导的全球移动通信系统(Global System for Mobile Communication,GSM)于1991年正式运行。在向第三代移动通信技术(The 3rd Generation,3G)演进的过程中,又推出了增强型数据速率 GSM 演进技术(Enhanced Data Rate for GSM Evolution,EDGE),EDGE 技术有效地提高了 GPRS 信道编码效率及其高速移动数据标准。由于3G 技术存在频谱利用率低、速率不够高等问题,因此需持续向第四代移动通信(The 4th Generation,4G)标准演进。我国已于 2013 年 12 月正式发放 TD-LTE 牌照,2014 年 2 月发放 FDD-LTE 牌照,全面进入 4G 时代。

5G 指第五代移动电话行动通信标准,也称为第五代移动通信技术。5G 网络的理论下行速度为 10Gb/s(相当于下载速度 1.25GB/s),这意味着手机用户在不到 1s 的时间内即可完成一部高清电影的下载。

早在 2009 年,我国的华为公司就已经展开了 5G 相关技术的早期研究,并在之后的几年里向外界展示了 5G 原型机基站。2016—2018 年,我国开始 5G 技术研发实验,分为5G 关键技术实验、5G 技术方案验证和 5G 系统验证三个阶段实施。2017 年 11 月 15 日,工业和信息化部发布《关于第五代移动通信系统使用 3300～3600MHz 和 4800～5000MHz 频段相关事宜的通知》,确定 5G 中频频谱,能够兼顾系统覆盖和大容量的基本需求。2019 年 6 月 6 日,工业和信息化部向中国电信、中国移动、中国联通、中国广电发放 5G 商用牌照。

无线网络的发展历程如图 1-2 所示。

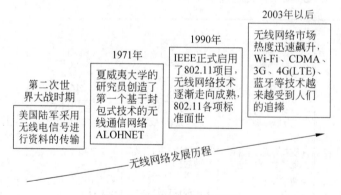

图 1-2　无线网络发展历程

无线网络的初步应用可以追溯到第二次世界大战期间,美国军队采用无线电信号做资料的传输。他们研发出了一套无线电传输科技,并且采用较高强度的加密技术,得到美军和盟军的广泛使用。许多学者从中得到灵感,1971 年,夏威夷大学搭建了第一个无线网络。ALOHANET 研究项目将夏威夷大学 7 个校区的计算机通过无线网络跨越 4 个岛屿连接起来。1990 年,IEEE 802.11 执行委员会建立了 820.11 工作小组来设计无线局域网(WLAN)标准。工作组于 1997 年批准了 IEEE 802.11 成为世界上第一个 WLAN标准,无线网络技术逐渐走向成熟。IEEE 802.11(Wi-Fi)标准诞生以来,先后有 802.11a和 802.11b,802.11g,802.11e,802.11f,802.11h,802.11i,802.11j 等标准实施,目前,802.11n 应用已经非常广泛,802.11n 技术可以为用户提供高速度、高质量的 WLAN 服务。

2003 年以来,无线网络市场热度迅速飙升,已经成为 IT 市场中新的增长亮点。由于人们对网络速度及方便使用性的期望越来越大,于是与计算机以及移动设备结合紧密的 Wi-Fi、CDMA/GPRS、蓝牙等技术越来越受到人们的追捧。同时,在相应配套产品大量面世之后,构建无线网络所需要的成本下降了,一时间,无线网络已经成为人们生活的主流。

1.1.2 移动互联网安全威胁

移动互联网面临的网络环境主要包括移动网络接入、Wi-Fi 接入。移动互联网架构如图 1-3 所示。用户可以通过手机或平板电脑上的 App 接入网络,用户可使用移动网络接入基站从而连接互联网,也可以能通过 Wi-Fi 接入无线访问接入点(Wireless Access Point,AP)然后接入互联网。但无论使用哪种方式连接互联网都存在安全威胁。

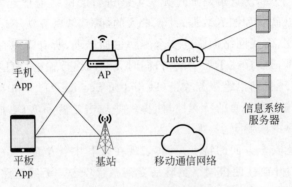

图 1-3　移动互联网架构

随着 4G 网络的部署和商用,国内的移动通信网络将长期处于 2G、3G、4G 多种制式长期共存的态势。对于移动通信终端,用户数据/信令均通过无线信号在空间传播并与基站进行通信,因此,用户数据有在空中被截获的风险。用户的通话、短消息等个人私密内容均面临被攻击者在空中接口进行窃听的威胁。如移动网络伪基站问题,即使用伪基站设备,伪装成运营商的基站,冒用他人手机号强行向用户手机发送诈骗、广告等非法短信。

Wi-Fi 非常适合移动办公的需要。Wi-Fi 本身是无线局域网的范畴,由于设计满足近距离接入的使用场景,其安全策略设计弱于移动网络。在技术上,Wi-Fi 面临地址欺骗和会话拦截的问题,非法用户可以通过侦听手段获得合法 MAC 地址而发起恶意攻击,或者侵入网络伪造身份拦截局域网内的会话信息。Wi-Fi 热点也可能存在巨大的安全隐患。无线接口可能在用户不知情的情况下被非法连通,并进行非法的数据访问和传送,不但造成私密信息的泄露,还可能造成病毒的传播;公共场所的免费 Wi-Fi 热点可能是钓鱼陷阱,家用 Wi-Fi 可能被轻松攻破,网民可能面临个人敏感信息被盗,甚至造成直接的经济损失。

同时,终端通过无线网络或移动网络连接互联网时可能访问到携带病毒的网页,下载恶意的应用程序,这些都可能造成病毒感染;还有一些业务应用也可能给终端引入病毒,这些手机病毒还可能导致终端对网络产生危害,例如,向网络发起 DDoS/DoS 攻击,致使网络资源被耗尽,网络无法正常为用户提供服务等。

1.2 无线网络安全概述

无线网络提高了用户访问网络的自由度,具有网络容易安装、增加用户或更改网络结构方便灵活、费用低廉、可以提供移动接入服务等优势。但是,这种方便和自由也带来了安全问题。由于无线网络通过无线电波在空中传输数据,在信号传递区域内的无线网络用户只要具有相同接收频率就可能获取所传递的信息,要将无线网络环境中传递的数据仅传送给一个目标接收者是不可能的。另一方面,由于无线移动设备在存储能力、计算能力和电源供电时间方面的局限性,使得原来在有线环境下的许多安全方案和安全技术不能应用于无线环境,例如,防火墙对通过无线电波进行的网络通信起不了作用,任何人在区域范围之内都可以截获和插入数据;计算量大的加密/解密算法不适用于移动设备等。

与有线网络相比,无线网络面临的安全威胁更加严重,所有常规有线网络中存在的安全威胁和隐患通常都依然存在于无线网络,同时无线网络传输的信息更容易被窃取、篡改和插入;无线网络容易受到拒绝服务攻击(Denial of Service,DoS)和干扰等。由于无线网络在移动设备和传输介质方面的特殊性,使得一些攻击更容易实施,同时,解决无线网络安全问题比有线网络的限制更多、难度更大。

无线网络在信息安全方面的特点,具体表现在以下几个方面。

(1)无线网络的开放性使得网络更容易受到恶意攻击。无线链路使得网络更容易受到被动窃听或主动干扰的各种攻击。无线网络没有一个明确的防御边界,攻击者可能来自四面八方和任意节点,每个节点必须面对攻击者直接或间接的攻击。无线网络的这种开放性带来了非法信息截取、未授权使用服务等一系列信息安全问题。

(2)无线网络的移动性使得安全管理难度更大。无线网络终端不仅可以在较大范围内移动而且还可以跨区域漫游,这意味着移动节点没有足够的物理防护,从而易被窃听、破坏和劫持。攻击者可能在任何位置通过移动设备实施攻击,而在较大范围内跟踪一个特定的移动节点是很难做到的;另一方面,通过网络内部已经被入侵的节点实施攻击而造成的破坏更大,更难检测到。因此,对无线网络移动端的管理要困难得多。

(3)无线网络动态变化的拓扑结构使得安全方案的实施难度更大。在无线网络环境中,动态的、变化的拓扑结构缺乏集中管理机制,使安全技术更加复杂;另一方面,无线网络环境中做出的许多决策是分散的,而许多网络算法必须依赖所有节点的共同参与和协作。缺乏集中管理机制意味着攻击者可能利用这一弱点实施新的攻击来破坏协作机制。

(4)无线网络传输信号的不稳定性带来无线通信网络的鲁棒性问题。无线网络随着用户的移动其信道会受到干扰等多方面的影响,造成信号质量波动较大,甚至无法进行通信。因此,无线网络传输信道的不稳定性产生了无线通信网络的鲁棒性问题。

总之,无线网络的脆弱性是由其传输介质的开放性、终端的移动性、动态变化的网络拓扑结构、缺乏集中的监视和管理点及没有明确的网络边界防线造成的。

通常,无线网络环境中安全威胁的具体表现主要有以下3个方面。

（1）无线链路上存在的安全威胁。

① 攻击者被动窃听链路上的信息，收集并分析使用弱的密码体制加密的信息。

② 攻击者篡改、插入、添加或删除链路上的数据。

③ 攻击者重放截获的信息以达到欺骗的目的。

④ 因链路被干扰或攻击而导致移动终端和无线网络的信息不同步或者服务中断。

⑤ 攻击者从链路上非法获取用户的隐私，包括追踪合法用户的位置、记录用户使用的服务等。

（2）网络实体上存在的安全威胁。

① 攻击者伪装成合法用户使用网络服务。

② 攻击者伪装成合法网络实体欺骗用户接入，或者与其他网络实体进行通信，从而获取有效的用户信息，从而开展进一步的攻击。

③ 合法用户越权使用网络服务。

④ 用户否认其使用的服务或资源。

（3）移动终端中存在的安全隐患和威胁：包括移动终端由于丢失或被窃取从而造成机密信息泄露。

1.3 移动终端安全概述

1.3.1 移动终端发展现状

随着移动互联网的发展，移动终端产业发展迅猛，终端出现了便携化、智能化的发展趋势，移动终端不再只是通信的工具，也成为人们日常生活中的助手。

根据中国互联网络信息中心（China Internet Network Information Center，CNNIC）发布的《中国互联网络发展状况统计报告》，截至 2020 年 6 月，我国网民规模达 9.40 亿，互联网普及率达 67%，较 2020 年 3 月提升 2.5 个百分点。手机网民规模达 9.32 亿，较 2020 年 3 月新增手机网民 3546 万，手机网民规模及其网民比例如图 1-4 所示。

截至 2020 年 6 月，我国网民使用手机上网的比例达 99.2%，较 2017 年底提升了 1.7 个百分点，使用率创新高。而使用台式计算机上网、笔记本电脑上网、平板电脑上网的比例分别为 37.3、31.8%、27.5%，较往均有所下降，其中使用台式计算机的比例变化尤为明显，下降 5.4 个百分点，如图 1-5 所示。

4G 移动电话用户持续高速增长、移动互联网应用不断丰富，推动了移动互联网流量持续高速增长。2020 年 1 月至 6 月，移动互联网接入流量消费累计达 745 亿 GB，同比增长 34.5%，如图 1-6 所示。

移动终端的市场不断壮大，其形态也不再局限于手机和平板电脑，智能电视、智能手表和智能眼镜等产品也逐渐进入市场。同时，移动终端也大量应用于各个行业，使越来越多的终端设备涌入企业办公市场。

图 1-4　中国手机网民规模及其占比网民比例

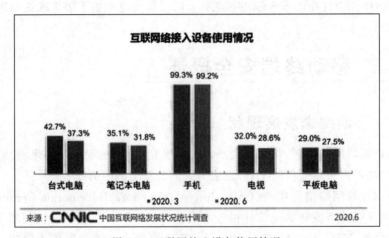

图 1-5　互联网接入设备使用情况

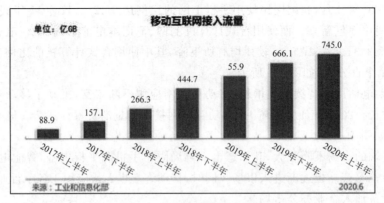

图 1-6　移动互联网接入流量

1.3.2　移动终端安全威胁

与传统互联网相比,移动互联网应用能够给用户提供更有针对性的服务和更具交互性的体验,因此其传播更快速、使用范围更广泛,智能终端强大的处理能力和丰富的应用软件极大地方便了人们的工作和生活。移动智能终端作为移动互联网业务的载体,不再仅仅是通信和娱乐的工具,同时承载了移动电子商务、移动支付、移动互联网金融、移动政务、移动执法、移动办公等丰富的业务功能。以个人为中心的移动互联网终端和业务承载着大量个人日常工作和生活信息,其重要性日益凸显。

移动智能终端不仅承载了传统移动终端的无线通信能力,还具有通用操作系统、接近普通 PC 的强大处理能力、相对固定的 IP 地址、存储大量个人隐私数据、无处不在的移动接入、开放业务平台、海量的应用等特点,然而这些特点可能被不法分子利用,进行数据攻击、数据窃取、资源滥用、计费欺骗等多种渠道的攻击。因此随着移动终端的增加,政府部门、重要行业以及商务上对安全通信的需求日益增加。

从系统角度来看,移动智能终端安全威胁是存在于从终端到云端、从硬件到软件的各个层面。综合来看,以下几个方面的安全风险需要加以重视。

1. 硬件层安全威胁

硬件层安全威胁来源于终端芯片设计安全漏洞或终端硬件体系安全防护不足等方面。终端芯片等核心硬件器件不可避免地存在已知或未知的安全漏洞,可能导致平台安全权限被获取,或芯片中存储的隐私数据被窃取等。

2. 操作系统安全威胁

智能终端操作系统是管理和控制终端硬件与软件资源的程序,硬件资源的调度使用及任何软件都必须在操作系统的支持下才能运行。智能终端操作系统作为软件系统,不可避免地存在漏洞问题,漏洞可能导致终端无法正常运行,有些缺陷可能会造成终端管理权限被非法获取或者安全防护措施被绕过,会降低产品安全性并导致严重的安全问题。

3. 信息存储安全威胁

智能终端的更新换代比较快,当用户需要更换智能终端时,在旧的智能终端中存储的个人私密信息有被泄露的安全威胁。目前很多手机在删除用户电话簿、短消息等信息时仅删除了文件的索引,实际并没有物理删除原来的信息,当智能终端再次使用时,就存在被攻击者恶意恢复智能终端上的所有私密信息的风险,导致用户隐私被泄露。

另外,用户在暂时离开智能终端时,如开会放在会场、上班放在办公桌上,智能终端上的信息(电话簿、短信、日程安排等)就存在被泄露的风险,这可能导致一些商务机密被泄露,从而造成巨大的损失。因此,需要研究如何安全存储机密信息,如何控制智能终端内信息不被非法访问。

4. 终端丢失安全威胁

由于智能终端体积较小且一般随身携带,容易丢失或被盗。智能终端中存储的个人隐私信息很多,如果被他人获得并利用,则会给用户造成很大的损失。因此需要研究相应的安全机制来保护智能终端在丢失、被盗的情况下个人信息的安全。

5. 数据接入安全威胁

随着技术的不断发展,智能终端接入网络的速度越来越快,这也给智能终端带来巨大的安全威胁。一方面,用户使用各种上网业务越来越便捷、高效;另一方面,通过网络传播病毒的可能性也大大增加。

6. 外围接口安全威胁

很多智能终端具有丰富的外围接口,无线接口有蓝牙、Wi-Fi、红外等,有线接口有USB接口等,这些外围接口给智能终端带来了很大的安全威胁。无线接口可能在用户不知情的情况下被非法连通,并进行非法的数据访问和传送,不但造成信息的泄露,还可能造成病毒的传播。

7. 终端刷机安全威胁

很多智能终端在出厂后还能够进行刷机操作,通过对智能终端刷机,可以修改智能终端的协议栈,从而可能会给智能终端植入恶意代码。因此,刷机操作会带来巨大的安全威胁。

8. 垃圾信息安全风险

越来越多的垃圾短信、骚扰电话及不良信息的传播给用户带来巨大的困扰。非法的广告营销以及不良信息的传播,不但会对人们的身心健康造成伤害,还会对社会造成巨大的安全威胁。

9. 终端恶意程序安全威胁

对于智能终端来说,由于采用了开放的操作系统平台,并且智能终端的处理能力大大增强,因此针对智能终端存在的各种漏洞,攻击者开发出的病毒等恶意程序越来越多,危害也越来越大。借助各种外部接口以及无线网络,病毒传播的速度也越来越快。

病毒等恶意程序对智能终端本身可能带来的危害有:侵占终端内存导致移动智能终端死机/关机;修改手机系统设置或者删除用户资料,致使手机软/硬件功能失灵,无法正常工作;盗取手机上保存的个人通讯录、个人身份信息,甚至个人机密信息,窃听机主的通话、截获机主的短信,对机主的信息安全构成重大威胁;自动外发大量短信、彩信、拨打声讯台、订购增值业务,导致机主通信费用及信息费用剧增。

10. 云端服务安全威胁

云端服务具有高度分布式、高度虚拟化的特点,对个人用户而言,将用户信息存储和计算放在云端,可降低自身存储和计算资源有限所带来的很多约束。伴随着移动网络传输速度的进一步提升,服务云端化已成为趋势。云端服务如不能有效地管理加密信息、认证代码和接入权限,可能会带来诸如数据丢失和泄露的问题,且危害范围更大。

1.3.3 BYOD 安全威胁

BYOD 即 Bring Your Own Device(带着自己的设备来上班),是指员工有可能使用个人的计算机、手机或平板等设备进行办公活动,或是在机场、酒店、咖啡厅等非办公网络环境中,使用第三方设备登录公司邮箱,登录在线办公系统,并进行办公活动。其中,使用个人手机办公的问题是 BYOD 问题研究中最主要的一个方面。

从互联网的发展来看,BYOD 将成为一种不可阻挡的技术趋势。不可能设想政企机构会为每一名员工专门配备一部办公手机,并对所有手机实施有效管控。而且即便是在现如今,员工个人使用的智能硬件和可穿戴设备等,也已经越来越多地被接入了办公网络,并被用于办公活动。

BYOD 问题给网络安全带来的威胁主要表现在以下几个方面。

首先是"公私"之间的矛盾:一方面,企业出于安全考虑,有必要对办公设备及设备上的相关软件进行管控;另一方面,员工出于对个人隐私保护的考虑,又不希望企业过多地监控自己的个人电子设备或纯粹个人的网络应用。

其次是设备多样性问题:且不论办公网络是否能够兼容多种多样的网络设备,仅就智能手机而言,品牌、系统也是多种多样,安全漏洞、安全问题也千差万别,安全管理措施要想适配各种智能手机,也是非常困难。

再者是设备遗失的问题:由于办公设备都是员工自己的,自然也会被带出办公场所,一旦设备丢失,存储在员工个人设备中的企业信息、文件、数据和资料就有可能丢失或被盗,从而使员工个人行为直接危害企业安全。

解决 BYOD 问题,目前有以下两种主流的技术方法。

(1) 集成一套办公软件。

集成办公软件,实际上就是将企业常用的各种内部办公和管理功能做在一款软件中。员工只要安装这款软件,就可以使用其中相关的办公功能。

(2) 集成一套虚拟化办公环境。

集成一套办公软件的方法虽然很实用,但也有一定的局限性,就是自主可扩展性不足,即企业很难将自己内部独有的一些办公软件或办公系统接入到集成办公软件中。基本上,这种集成办公软件提供了什么样的现成功能,企业就得使用什么样的功能。

而集成一套虚拟化办公环境可以很好地解决可扩展性问题。虚拟化办公环境,实际上就是在终端设备(如智能手机)上运行一个特殊的应用软件,用户打开这个软件,就进入到一个虚拟的操作系统,用户在虚拟操作系统中进行的任何操作,都与在原有操作系统上相同或相似,比如上网浏览,安装和卸载软件,编辑、复制和删除文件,编写短信、通信录等。只不过,虚拟操作系统与原有操作系统之间是完全隔离的,原有操作系统中应用程序不能访问虚拟操作系统中的文件或数据。而在虚拟操作系统中的文件和数据,对外来说是"加密的"。如此一来,企业如果开发了自己的应用或办公系统,只要在虚拟办公环境下集中推送和安装相关应用,就可以使相关应用工作在一个相对安全的隔离环境中,进而实现了安全办公。

1.4　移动应用安全

在移动智能终端及移动互联网应用高速多元化发展的同时,移动终端安全问题也日益突出,不少安全事件甚至给用户的合法权益造成了严重损害。智能终端可以通过下载和安装应用软件来扩展终端功能,为用户提供扩展服务。但是目前用户对应用安全威胁的认知不够,整个移动应用规模极大而质量良莠不齐。整个移动互联网产业链对应用软件的管理和认证投入不足,造成了各类恶意应用软件的广泛传播。

根据国内安全公司发布的《2019 年 Android 恶意软件专题报告》,2018 年全年 360 安全大脑共截获新增恶意软件样本 180.9 万个,平均每天新增 0.5 万个,如图 1-7 所示。

图 1-7　Android 平台新增恶意软件数量

图 1-8 所示为 Android 平台恶意软件感染量。

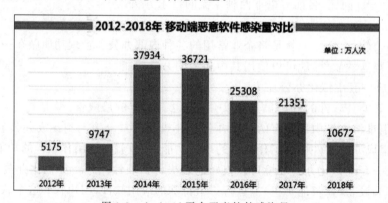

图 1-8　Android 平台恶意软件感染量

2019 年移动端各月新增恶意软件数量如图 1-9 所示。从 2019 年全年恶意样本增长

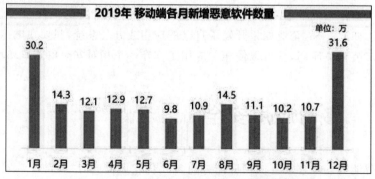

图 1-9　Android 平台恶意软件新增量和感染量

情况中不难发现,1 月与 12 月出现新增样本峰值,其余月份新增样本趋势较为平稳。观察新增样本类型,主要体现在恶意扣费、资费消耗、隐私窃取。由于春节假期前后,大众的社交娱乐活动增多,棋牌游戏、抢红包已成为大众假期娱乐必选项。不法分子正是利用这一敏感时间段,大肆传播恶意软件,实现不良获利。

2019 年移动端新增恶意软件类型分布如图 1-10 所示。从图中可见,2019 年 Android 平台新增恶意软件主要是资费消耗,占比高达 46.8%。

图 1-10 Android 平台新增恶意软件类型分布

资费消耗类型的恶意样本占比将近一半,说明移动端恶意软件依然是以推销广告、消耗流量等手段,增加手机用户的流量资费等谋取不法商家的经济利益。当前主流运营商的资费模式重心已经转向流量,而不再单纯倚重语音通话。资费消耗类恶意软件对用户资费造成的影响比较明显。

在上述统计中占比较大的几种恶意软件分别有如下一些行为。

资费消耗类恶意软件通常在用户不知情或未授权的情况下,通过发送短信、频繁连接网络等方式,导致用户资费损失。短信扣费类木马分为两大类,其中危害最大的以暗扣类游戏为主。它们深谙用户心理,利用用户操作习惯,设置陷阱诱骗用户单击通过订阅 SP 服务进行变现。另一类则以后台无图标应用为主,通过 ROOT 恶意木马、ROM 预装等方式偷偷潜伏进用户设备,后台自动发送 SP 扣费短信进行变现。

流氓行为指恶意软件私自执行具有流氓属性的恶意行为,如频繁下载推送应用、匿名弹窗、推送浮窗广告等,严重影响用户使用手机。

隐私获取类的恶意软件越来越常见,已经成为不法分子窃取用户隐私的主流渠道,所窃取的隐私范围也更加广泛细致。例如,由中国反网络病毒联盟(Anti Network-Virus Alliance of China,ANVA)曝光的 Strong Service,会伪装成系统应用,通过网络上传用户的地理位置信息、浏览器书签、通讯录、短信内容等隐私信息,对用户的隐私安全造成极大伤害。

恶意扣费类的恶意软件是在用户不知情或未授权的情况下,通过自动拨打付费电话、发送业务订阅短信、频繁连接网络等方式,导致用户资费损失。

移动应用正在重塑人们的日常生活和工作方式,然而移动应用在安全方面存在较大的问题,必须重视并采取必要措施解决移动应用的安全问题。

思考题

1. 移动终端连接互联网有哪几种方式？简述其发展过程。

2. 移动互联网的网络环境面临哪些安全威胁？

3. 简述移动设备接入互联网的过程。

4. 简述无线网络在信息安全方面的特点，以及无线网络环境中安全威胁的具体表现。

5. 总结移动终端的发展现状，并简述移动智能终端在哪几方面存在安全问题。

6. 移动应用安全存在哪些安全问题？简述每种安全问题的现状。

第2章 无线局域网络安全

2.1 无线网络的概念及分类

无线网络(Wireless Network)是采用无线通信技术实现的网络。无线网络既包括允许用户建立远距离无线连接的全球语音和数据网络,也包括为近距离无线连接进行优化的红外线技术及射频技术。无线网络与有线网络的用途十分类似,最大的不同在于传输媒介的不同,利用无线电技术取代网线,可以和有线网络互为备份。

总的来说,由于覆盖范围、传输速率和用途的不同,无线网络可以分为无线广域网、无线城域网、无线局域网、无线个域网和无线体域网。各种无线网络的比较如图 2-1 所示。

图 2-1 无线网络的比较

(1) 无线广域网(Wireless Wide Area Network,WWAN)。无线广域网是无线网络的一种,是指通过移动通信卫星进行的数据通信,其覆盖范围最大。它可能需要通过公共信道,或者至少有一部分依靠公共载波电路进行传输。一个典型的无线广域网包括多个相互连接的交换节点。所有的传输过程都是从一个设备出发,途经这些网络节点,最后到达所规定的目的设备。所有规模的无线网络为电话通信、网页浏览和串流视频影像等应用提供数据传输服务。

无线广域网采用了无线通信蜂窝网络技术来传输数据,例如,LTE、WiMAX(通常也称为无线城域网)、UMTS、CDMA 2000、GSM 等。GSM 数字蜂窝系统是由欧洲电信公司提出的标准,CDMA 接入技术采用 TDMA 和 FDMA,调制采用 GMSK 技术。WLAN 也可以采用局域多点分布式接入服务或者 Wi-Fi 来提供网络连接。这些技术是区域性、全国性甚至是全球性的,并且是由无线服务提供商负责提供。WWAN 的连通性使得持有便携式计算机和 WWAN 上网卡的用户可以浏览网页、收发邮件,或者接入虚拟专用网络(Virtual Private Network,VPN)。只要用户处在蜂窝网络服务的区域范围之内,就都能够享受到 WWAN 带来的服务。不同的计算机有着统一的 WWAN 性能。

（2）无线城域网（Wireless Metropolitan Area Network，WMAN）。无线城域网是连接多个局域网的计算机网络。WMAN 经常覆盖一个城市或者是大型的校园。WMAN 通常采用大容量骨干技术，例如，用光纤链路来连接多个局域网。此外，WMAN 还能向更大的网络提供向上连接服务。

无线城域网的代表技术是 2002 年提出的 IEEE 802.20 标准，主要针对移动宽带无线接入（Mobile Broadband Wireless Access，MBWA）技术。该标准强调移动性，它是由 IEEE 802.16 的宽带无线接入（Broadband Wireless Access，BWA）发展而来的。另外一个代表技术是 IEEE 802.16 标准体系，主要有 IEEE 802.16，IEEE 802.16a，IEEE 802.16e 等。其中，IEEE 802.16 是一点对多点的视距条件下的标准，信道带宽可达 25MHz/28MHz，有效覆盖范围为 2～10km，最大可达 IEEE 30km。IEEE 802.16a 是它的补充版本，增加了对非视距和网状结构（Mesh Mode）的支持，IEEE 802.16e 是对 IEEE 802.16d 的增强，支持在 2～11GHz 频段下的固定和车速移动业务，并支持基站和扇区间的切换。IEEE 802.16a/e 也称为 WiMAX。

无线城域网的主要市场是那些在城市范围内对高容量通信有需求的用户。相比于从本地电话公司获得同样的服务，无线城域网可以以更低的成本和更高的效率为用户提供所需容量的通信服务。

（3）无线局域网（Wireless Local Area Network，WLAN）。无线局域网采用一些分布式无线措施来连接两个或更多的设备，并且在一个接入点向更大的互联网范围提供连接。像广域网一样，局域网也是一种由各种设备相互连接，并在这些设备间提供信息交换手段的通信网络。这给用户提供了更多的移动性，使得他们可以在局域性的覆盖区域内移动的同时接入网络。

而相对于广域网，局域网的范围较小，通常是一栋楼或一片楼群，但是局域网内的数据传输速率通常要比广域网的高得多，大多数的现代 WLAN 技术都是基于 IEEE 802.11 标准，以 Wi-Fi 提供商的品牌名字命名并运营。

无线局域网因其易于安装的优势，在家用网络中得到了非常广泛的应用，并且在很多商业场所都向客户提供免费的接入服务。

IEEE 802.11 是无线局域网的标准，它主要涉及物理层和介质访问层。在 IEEE 802.11 标准中无线用户通过无线接入点（Access Point，AP）连接到网络，每个用户终端使用无线网卡与 AP 连接。无线网卡和 AP 支持 IEEE 802.11 物理层和介质访问层标准，同样，AP 也负责将这些用户连接到像 IEEE 802.3 那样的网络。

IEEE 802.11 标准系列包含由 IEEE 制定的 802.11b/a/g 三个 WLAN 标准，主要用于解决办公室局域网和校园网中用户与用户终端的无线接入。其中，IEEE 802.11b 的工作频段为2.4～2.4835GHz，数据传输速率达到 11Mb/s，传输距离控制为 100～300m。IEEE 802.11a 的工作频段为 5.15～5.825GHz，数据传输速率达 54Mb/s，传输距离控制为 10～100m。但由于技术成本过高，IEEE 802.11a 缺乏价格竞争力，而 IEEE 802.11g 标准有 IEEE 802.11a 的传输速率，安全性较 IEEE 802.11b 好，且与 IEEE 802.11a 和 IEEE

802.11b 兼容。

（4）无线个域网（Wireless Personal Area Network，WPAN）。无线个域网是计算设备之间通信所使用的网络，这些计算设备包括电话、个人数据助手（PDA）等。PAN 可以使用在私人设备之间的通信，或者与更高一级网络或者因特网（向上连接）取得连接。无线个域网是采用了多种无线网络技术的个域网，这些网络技术包括：IrDA，无线 USB，蓝牙，Z-Wave，ZigBee，甚至是人体域网。WPAN 的覆盖范围从几厘米到几米不等，典型的技术是 IEEE 802.15（WPAN），Bluetooth，ZigBee 技术数据，传输速率一般在 10Mb/s 以上。

IEEE 802.15 工作组为 HomeRF 和 Bluetooth 等 WPAN 制定了相关的物理层和介质访问层标准，同时也处理了一些包括与 IEEE 802.11 局域网共同存在的问题。

（5）无线体域网（Wireless Body Area Network，WBAN）。以无线医疗监控和娱乐、军事应用为代表，主要指附着在人体身上或植入人体内部的传感器之间的通信。从定义来看，WBAN 和 WPAN 有很大关系，但是它的通信距离更短，通常为 0～2m。因此无线体域网具有传输距离非常短的物理层特征。

从网络拓扑结构角度，无线网络又可分为有中心网络、无中心网络和自组织网络。有中心网络以蜂窝移动通信为代表，基站作为一个中央基础设施，网络中所有的终端要通信时，都要通过中央基础设施进行转发；无中心网络以移动自组织网络、无线传感器网络（Wireless Sensor Network，WSN）、移动车载自组织网络（Vehicular Ad Hoc Network，VANET）为代表，采用分布式、自组织的思想形成网络，网络中每个节点都兼具路由功能，可以随时为其他节点的数据传输提供路由和中继服务，而不仅依赖单独的中心节点。这种网络具有一些通用特征，如无中心基础设施和自组织、动态拓扑变化、有限的传输带宽等。基于网络拓扑结构的无线网络分类如图 2-2 所示。

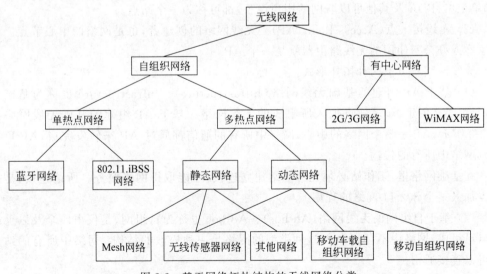

图 2-2　基于网络拓扑结构的无线网络分类

2.2 Wi-Fi 基本概念

2.2.1 Wi-Fi 简介

Wi-Fi 是 Wi-Fi 联盟制造商的商标,作为产品的品牌认证,是一个创建于 IEEE 802.11 标准的无线局域网技术。由于两套系统密切相关,也常有人把 Wi-Fi 当作 IEEE 802.11 标准的同义术语。

Wi-Fi 是一种允许电子设备连接到一个无线局域网(WLAN)的技术,通常使用 2.4G UHF 或 5G SHF ISM 射频频段。连接到无线局域网通常是有密码保护的,但也可以是开放的,这样就允许任何在 WLAN 范围内的设备可以连接上。Wi-Fi 局域网的本质特点是不再使用通信电缆将计算机与网络进行连接,而是用无线的方式,从而使网络的构建和终端的移动更加灵活。

Wi-Fi 最早是基于 IEEE 802.11 协议,发表于 1997 年,此协议定义了 WLAN 的 MAC 层和物理层标准。继 802.11 协议之后,相继有众多版本被推出,最典型的是 IEEE 802.11a、IEEE 802.11b、IEEE 802.11g、IEEE 802.11n。

2.2.2 Wi-Fi 的网络拓扑结构

Wi-Fi 可以通过不同的网络拓扑结构进行组网,其发现和接入网络也有自身的要求和步骤。Wi-Fi 无线网络包括两种类型的拓扑形式:基础网(Infrastructure)和自组网(Ad-hoc)。

在 Wi-Fi 无线网络拓扑中有两个重要的基本概念。

(1) 站点(Station,STA)。网络最基本的组成部分,每一个连接到无线网络中的终端(如笔记本、PDA 及其他可以联网的用户设备)都可称为一个站点。

(2) 无线接入点(Access Point,AP)。无线网络的创建者,也是网络的中心节点。一般家庭或办公室使用的无线路由器就是一个 AP。

无线网络有以下两种拓扑形式。

(1) 基于 AP 组建的基础无线网络(Infrastructure)。Infrastructure 也称为基础网络,是由 AP 创建,众多站点加入所组成的无线网络。基于 AP 组建的基础无线网络如图 2-3 所示,AP 是整个网络的中心,网络中所有的通信都通过 AP 来转发完成,AP 负责基础网络中所有的传输。

在基础网络里,工作站必须先与基站建立连接,才能取得网络服务。所谓连接,是指站点加入某个 802.11 网络的程序。

(2) 基于自组网的无线网络(Ad-hoc)。Ad-hoc 也称为自组网,是仅由两个及以上站点自己组成,网络中不存在 AP,这种类型的网络是一种松散的结构,网络中所有的站点都可以直接通信。

基于自组网的无线网络如图 2-4 所示。在 Ad-hoc 中,站点彼此可以直接通信,两者间的距离必须在可以直接通信的范围内。通常,Ad-hoc 是由少数几个工作站针对特定目

图 2-3　基于 AP 组建的基础无线网络

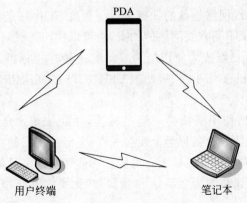

图 2-4　基于自组网的无线网络

的而组成的临时性网络。

2.3　Wi-Fi 的标准

2.3.1　IEEE 802.11 系列标准

1. IEEE 802.11 协议简介

IEEE 802 家族是由一系列局域网络（Local Area Network，LAN）技术规范所组成，IEEE 802.11 属于其中成员之一。IEEE 802 家族及其 OSI 模型的关系如图 2-5 所示，可以看出，IEEE 802 家族成员的关系，以及它们在 OSI 模型中的角色定位。

IEEE 802.11 网络包含 4 种主要实体元件，如图 2-6 所示。

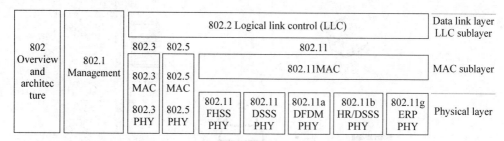

图 2-5　IEEE 802 家族及其 OSI 模型的关系

图 2-6　IEEE 802.11 LAN 的组成元件

1）工作站

工作站是指配备无线网络连接的计算设备。通常，工作站是指笔记本或者是手机终端，如果台式计算机为了不受有线网络的约束，也可以使用无线局域网络。在消费性电子终端领域，IEEE 802.11 已经成为使用最为广泛的一种连接标准。大部分的电子产品厂商已经加入 IEEE 802.11 工作小组，借助 IEEE 802.11 的高速传输能力来接入无线网。

2）无线接入点

IEEE 802.11 网络所使用的帧必须经过转换，才能被传递至其他不同类型的网络。具备无线至有线桥接功能的设备称为无线接入点；无线接入点的功能不仅于此，但桥接最为重要。起初，厂商倾向于将无线接入点的所有功能置于单一设备，不过一些较新的产品则是将 IEEE 802.11 协议切割为两部分："精简型"无线接入点，无线接入点控制器。

3）无线介质

IEEE 802.11 标准以无线介质在工作站之间传递帧，其所定义的物理层不止一种，这种架构允许多种物理层同时支持 IEEE 802.11 MAC——IEEE 802.11 最初标准化了两种射频（Radio Frequency，RF）物理层以及一种红外线物理层。此外，一些其他的射频物理层也已经进行了标准化。

4）传输系统

当几个基站串联以覆盖较大区域时，彼此之间必须相互通信，才能掌握移动式工作站的行踪。而传输系统属于 IEEE 802.11 的逻辑元件，负责将帧转送至目的地。IEEE 802.11 并未规范传输系统的技术细节。大多数商用产品是由桥接引擎和传输系统介质共同组成传输系统。传输系统是基站间转送帧的骨干网络，通常就称为骨干网络。所有在商业上获得成功的产品，几乎都是以以太网为骨干网络。

定义网络技术的方式之一，就是看它能够提供哪些服务，不论设备制造商如何实现这些服务 IEEE 802.11 协议总共可以提供 9 种服务，其中 3 种用来传送数据，其余 6 种均属管理作业,目的是让网络能够追踪行动节点以及传递帧。

(1) 传输(Distribution)。

只要基础型网络里的移动式工作站传送任何数据,就会使用这项服务。一旦基站接收到帧,就会使用传输服务将帧送至目的地。任何行经基站的通信都会通过传输服务,包括连接至同一部基站的两部移动式工作站彼此通信时。

(2) 整合(Integration)。

整合服务由传输系统提供,它让传输系统得以连接至非 IEEE 802.11 网络。整合功能将因所使用的传输系统而异,因此除了必须提供的服务,IEEE 802.11 并未加以规范。

(3) 连接(Association)。

之所以能够将帧传递给移动式工作站,是因为移动式工作站会向 AP 登记,或与 AP 建立连接。连接之后,传输系统即可根据这些登录信息判定哪部移动式工作站该使用哪个 AP。未连接的工作站不算在网络上,好比拔掉以太网网线的工作站。IEEE 802.11 虽有规定使用这些连接数据的传输系统必须提供哪些功能,但对于如何实现这些功能并未强制规定。

(4) 重新连接(Reassociation)。

当移动式工作站在同一个延伸服务区域里的基本服务区域之间移动时,它必须随时评估信号的强度,并在必要时切换所连接的 AP。重新连接是由移动式工作站所发起,当信号强度显示最好切换连接对象时便会如此做。一旦完成重新连接,传输系统会更新工作站的位置记录,以反映出可通过哪个 AP 连接上工作站。

(5) 解除连接(Disassociation)。

要结束现有连接,工作站可以利用解除连接服务。当工作站被动解除连接服务时,存储于传输系统的连接数据会随即被移除。一旦解除连接,工作站则不再附接在网络上。在工作站的关机程序中,解除连接是个礼貌性的动作,不过 MAC 在设计时已经考虑到工作站未正式解除连接的情况。

(6) 身份认证(Authentication)。

实体安全防护在有线局域网络安全解决方案中是不可或缺的一部分。身份认证是连接的必要前提,只有经过身份辨识的使用者才允许使用网络。工作站与无线网络连接的过程中,可能必须经过多次身份认证。连接之前,工作站会先以本身的 MAC 地址来跟 AP 进行基本的身份辨识。此时的身份认证,通常称为 IEEE 802.11 身份认证,有别于后续经过加密的使用者身份认证。

(7) 解除认证(Deauthentication)。

解除认证用来终结一段认证关系。因为获准使用网络之前必须经过身份认证,解除认证的副作用就是终止目前的连接。

(8) 机密性(Confidentiality)。

在有线局域网络中,坚固的实体控制可以防止刺探数据的绝大部分攻击。攻击者必须能够实际访问网络介质,才有可能窥视往来的内容。在有线网络中,网线与其他计算资源一样,也要受到实体保护。在设计上,实际访问无线网络,相对而言较为容易,只要使用正确的天线与调制方式就办得到。IEEE 802.11 初次改版时,使用有线等效保密(Wired

Equivalent Privacy，WEP）协议加密。除了新的加密机制，IEEE 802.11另外提供了两种WEP无法解决的关键服务来加强机密性服务，即基于使用者的身份认证以及密钥管理服务。

（9）MSDU传递。

一个网络如果无法传递数据给接收端，那么这个网络毫无意义。工作站所提供的MAC服务数据单元（MAC Service Data Unit，MSDU）递送服务，负责将数据传送给实际的接收端。

2. IEEE 802.11系列标准简介

IEEE 802.11协议可以细分为IEEE 802.11a、IEEE 802.11b、IEEE 802.11g、IEEE 802.11n等，这几种不同的无线协议都是由IEEE 802.11演变而来的。IEEE 802.11是IEEE最初制定的一个无线局域网标准，主要用于解决办公室局域网和校园网中用户与用户终端的无线接入。IEEE 802.11系列标准参数对比如表2-1所示。

表2-1　无线标准参数对比

项　目	标　　准				
无线技术与标准	802.11	802.11a	802.11b	802.11g	802.11n
推出时间	1997年	1999年	1999年	2002年	2006年
工作频段	2.4GHz	5GHz	2.4GHz	2.4GHz	2.4GHz和5GHz
最高传输速率	2Mb/s	54Mb/s	11Mb/s	54Mb/s	108Mb/s以上
实际传输速率	低于2Mb/s	31Mb/s	6Mb/s	20Mb/s	大于30Mb/s
传输距离	100m	80m	100m	150m以上	100m以上
主要业务	数据	数据、图像、语音	数据、图像	数据、图像、语音	数据、语音、高清图像
成本	高	低	低	低	低

1997年，IEEE 802.11协议的第一版在9月被正式通过，并在1997年12月10日正式出版（即IEEE 802.11-1997）。第一版协议包含跳频（Frequency Hopping）和直序扩频（Direct Sequence）两种模式，跳频支持1Mb/s的必选速率和2Mb/s的可选速率，直序扩频对于1Mb/s和2Mb/s都是必选支持的。

由于IEEE 802.11协议的正式颁布，以及前期无线网络技术的逐渐成型，1999年，Wi-Fi联盟（Wi-Fi Alliance）正式成立。IEEE于1999年同年颁布了IEEE 802.11b协议。IEEE 802.11b协议在物理层增加了HR/DSSS（High-Rate Direct Sequence）模式，引入了CCK编码，从而提供5.5Mb/s和11Mb/s两种新的速率，加上IEEE 2007规定的1Mb/s和2Mb/s两个速率（基于Barker码），一共提供了4种速率可以选择。

2000年以后，IEEE 802.11a正式通过。IEEE 802.11a引入了一种新的物理层技术——正交频分复用技术（Orthogonal Frequency Division Multiplexing，OFDM）。

2003年，IEEE颁布了802.11g版本，IEEE 802.11g和IEEE 802.11a协议在整体上

是一致的。更一般而言,IEEE 802.11g 是将 IEEE 802.11a 搬到 2.4GHz 频段上,并加上了一些协议兼容性的设计。IEEE 802.11g 协议为了与之前的 IEEE 802.11b 协议兼容,提供了 5 种工作模式: ERP-DSSS、ERP-CCK、ERP-OFDM、DSSS-OFDM 和 ERP-PBCC。

2009 年,IEEE 802.11n 协议正式通过。相比之前的 Wi-Fi 技术,IEEE 802.11n 的核心技术是多变量控制系统(Multiple-Input Multiple-Output,MIMO)。之前的无线通信都是单天线的传输系统,在 MIMO 的设计上,可以通过多根天线并行传输多个不同数据,从而提高传输速率,提供更高的系统带宽。

2.3.2　Wi-Fi 加密协议

与有线网络不同,理论上无线电波范围内的任何一个站点都可以监听并登录无线网络,所有发送或接收的数据都有可能被截取。为了使授权站点可以访问网络而非法用户无法截取网络通信,无线网络安全就显得至关重要。

1. WEP 加密机制

无线网络的安全性由认证和加密来保证。认证的目的是保证只有被许可的用户才能连接到无线网络;加密的目的是提供数据的保密性和完整性(数据在传输过程中不会被篡改)。IEEE 802.11 标准最初只定义了两种认证方法:开放系统认证(Open System Authentication,OSA)和共享密钥认证(Shared Key Authentication,SKA),以及一种加密方法:有线等效加密(Wired Equivalent Privacy,WEP)。

对于开放系统认证,在设置时也可以启用 WEP,此时,WEP 用于在传输数据时加密,对认证没有任何作用。

对于共享密钥认证,必须启用 WEP,WEP 不仅用于认证,也用于在传输数据时加密。

WEP 提供 3 个方面的安全保护:数据机密性、访问控制和数据完整性。其核心是 RC4 序列密码算法,用密钥作为种子通过伪随机数产生器(PRNG)产生伪随机密钥序列(PRKS)和明文相异或后得到密文序列。WEP 协议加密流程如图 2-7 所示。

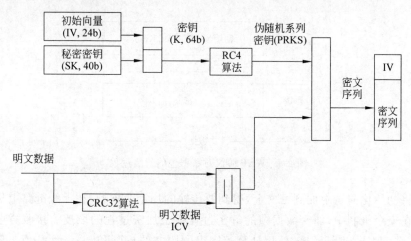

图 2-7　WEP 协议加密框图及密文格式

WEP 主要用于无线局域网中链路层信息数据的保密。WEP 加密使用共享密钥和 RC4 加密算法。访问点 AP 和连接到该访问点的所有工作站必须使用同样的共享密钥，即加密和解密使用相同密钥的对称密码。对于往任意方向发送的数据包，传输程序都将数据包的内容与数据包的校验和组合在一起。然后，WEP 标准要求传输程序，为每一个数据包选定一个长度为 24b 的数，这个数称为初始化矢量（Initialized Vector，IV），其与密钥相组合在一起，用于对数据包进行加密。接收器生成自己的匹配数据包密钥并用其对数据包进行解密。在理论上，这种方法优于单独使用共享私钥的显式策略，因为这样增加了一些特定于数据包的数据，更难破解。

WEP 支持 64 位和 128 位加密。对于 64 位加密，加密密钥为 10 个十六进制字符（0～9 和 A～F）或 5 个 ASCII 字符。对于 128 位加密，加密密钥为 26 个十六进制字符或 13 个 ASCII 字符。64 位加密有时称为 40 位加密。128 位加密有时称为 104 位加密。152 位加密不是标准 WEP 技术，没有受到客户端设备的广泛支持。WEP 依赖通信双方共享的密钥来保护所传输的加密数据帧。其数据的具体加密过程如下。

（1）将 24 位的初始化向量和密钥连接形成 64 位或 128 位的密钥。在每个信息包中把 IV 加到密钥里以确保各信息包的密钥不同。

（2）将这个密钥输入到虚拟随机数产生器（RC4，PRNG）中，它对初始化向量和密钥的校验和计算值进行加密计算。将 IV 与密钥 Key 连接起来构成 64b 或 128b 的种子密钥，送入采用序列密码算法 RC4 的伪随机数发生器（PRNG）生成与传输载荷等长的随机数，该随机数就是加密密钥流。

（3）经过 CRC-32 完整性校验算法计算的明文 ICV 与虚拟随机数产生器的输出密钥流进行按位异或运算得到加密后的信息，即密文。加密过程如图 2-8 所示。

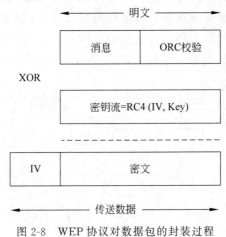

图 2-8　WEP 协议对数据包的封装过程

（4）将初始化向量附加到密文上，得到要传输的加密数据帧，在无线链路上传输。

（5）在安全机制中，加密数据帧的解密过程只是加密过程的取反。接收方收到加密数据以后，先对数据进行解密，然后计算解密出的明文的校验和，并将计算值与解密出的 ICV 进行比较，若二者相同则认为数据在传输过程中没有被篡改，否则认为数据已被篡改过，丢弃该数据包。

2. WEP 协议的主要缺陷

1）RC4 算法本身存在缺陷

可以利用 RC4 本身存在的这个缺陷来破解密钥。RC4 是一个序列密码加密算法，发送者用一个密钥序列和明文异或产生密文，接收者用相同的密钥序列与密文异或以恢复明文。如果攻击者获得由相同的密钥流序列加密后得到的两段密文，将两段密文异或，生成的也就是两段明文的异或，因而能消除密钥的影响。通过统计分析以及对密文中冗余信息进行分析，就可以推断出明文，因而重复使用相同的密钥是不安全的。这种加密方式要求不能用相同的密钥序列加密两个不同的消息，否则攻击者将可能得到两条明文的异或值，如果攻击者知道一条明文的某些部分，那么另一条明文的对应部分就可被恢复出来。

2）IV 重用危机

WEP 标准允许 IV 重复使用，这一特性会使攻击 WEP 变得更加容易。由前文所述可知，密钥序列是由 IV 和密钥 K 共同决定的，而大部分情况下用户普遍使用的是密钥 K 为 0 的初始 Key，密钥序列的改变就由 IV 来决定，所以使用相同 IV 的两个数据包其 RC4 密钥必然相同，如果窃听者截获了两个（或更多）使用相同密钥的加密包，就可以用它们进行统计攻击以恢复明文。

而在无线网络中，要获得两个这样的加密包并不难。由于 IV 的长度为 24 位，也就是说密钥的选择范围只有 2^{24} 个，这使得相同的密钥在短时间内将出现重用，尤其对于通信繁忙的站点。在 IEEE 802.11 标准中，为每一个数据包更改 IV 是可选的，如果 IV 不变，将会有更多的密钥重用。如果所有的移动站共享同一 WEP 密钥，则使用同一密钥的数据包也将频繁出现，密钥被破解的机会就更大。更糟糕的是，IV 以明文的形式传递，可被攻击者用来判断哪些 IV 发生了冲突。另外，因为 IV 向量空间较小，所以攻击者可以构造一个解密表，从而发起"字典攻击"，当攻击者得知一些加密包的明文，他便可以计算 RC4 密钥，该密钥可用于对所有使用相同 IV 的其他数据包的解密。随着时间的推移，就可以构造一个 IV 和密钥的对应表，一旦该表建成，此后所有经无线网络发送的地址相同的数据包都可以被解密。此表包括 2^{24} 个数据项，每项的最大字节数是 1500，表的大小为 24GB。要完成构造这样一部"字典"需要积累足够多的数据，虽然繁杂，但一旦形成了表，以后的解密将非常快捷。

3）CRC-32 算法缺陷

CRC-32 算法作为数据完整性检验算法，由于其本身的特点非但未使 WEP 安全性得到加强，反而进一步恶化。首先 CRC 检验和是有效数据的线性函数，这里所说的线性主要是针对异或操作而言的。利用这个性质，恶意的攻击者可篡改原文 P 的内容。特别地，如果攻击者知道要传送的数据，会更加有恃无恐。其次，CRC-32 检验和不是加密函数，只负责检查原文是否完整，并不对其进行加密。若攻击者知道 P，就可算出校验和，然后可构造自己的加密数据 C′和原来的 IV 一起发送给接收者。

4）使用静态密钥

WEP 协议没有完善密钥管理机制，它没有定义如何生成以及如何对它更新。AP 和它所有的工作站之间共享一个静态密钥,使密钥的保密性降低。同时,更新密钥意味着要对所有的 AP 和工作站的配置进行更改,而 WEP 标准不提供自动修改密钥的方法,因此用户只能手动对 AP 及其工作站重新设置密钥。但是在实际情况中,几乎没人会去修改密钥,这样就会将他们的无线局域网暴露给收集流量和破解密钥的被动攻击。

3. WPA 加密机制

针对 WEP 安全机制所暴露出的安全隐患,IEEE 802 工作组于 2004 年年初发布了新一代安全标准 IEEE 802.11i,该协议增强了 WLAN 中身份认证和接入控制的能力,增加了密钥管理机制,可以实现密钥的导出及密钥的动态协商和更新等,大大地增强了网络的安全性。同时,Wi-Fi 联盟与 IEEE 一起开发了 Wi-Fi 受保护的访问(Wi-Fi Protected Access,WPA)以解决 WEP 的缺陷。

为解决 WEP 存在的严重安全隐患,IEEE 802.11i 提出了两种加密机制:临时密钥集成协议(Temporal Key Integrity Protocol,TKIP)和计数模式/CBC-MAC 协议(Counter Mode/CBC-MAC Protocol,CCMP)。其中,TKIP 是一种临时过渡性的可选方案,兼容 WEP 设备,可在不更新硬件设备的情况下升级至 IEEE 802.11i,而 CCMP 机制则完全废除了 WEP,采用高级加密标准(Advanced Encryption Standard,AES)来保障数据的安全传输,但是 AES 对硬件要求较高,CCMP 无法在现有设备的基础上通过直接升级来实现(需要更换硬件设备),它是 IEEE 802.11i 机制中必须实现的安全机制。

WPA 接入机制不同于 WEP,WPA 同时提供身份认证和数据加密。WPA 加密机制目前有 3 个版本,分别是 WPA、WPA2 和 WPA3。WPA 在 2003 年推出,实现了 IEEE 802.11i 标准的大部分,是在 IEEE 802.11i 完备之前替代 WEP 的过渡方案。WPA 寿命很短,2004 年便被实现了完整 IEEE 802.11i 标准的 WPA2 所取代。WPA2 中使用更强的 AES 加密算法取代 WPA 中的 RC4,也使用了更强的完整性检验算法 CCMP。

完整的 WPA 实现是比较复杂的,由于操作过程比较困难,一般用户实现是不太现实的。所以在家庭网络中采用的是 WPA 的简化版——WPA-PSK(预共享密钥)。

这两种加密机制的组合如下。

$$WPA = 802.1x + EAP + TKIP + MIC$$
$$= Pre-shared\ Key + TKIP + MIC(简化版)$$
$$WPA2 = 802.1x + EAP + AES + CCMP$$
$$= Pre-shared\ Key + AES + CCMP(简化版)$$

这里 802.1x + EAP、预共享密钥(Pre-shared Key,PSK)是身份校验算法,而 WEP 没有设置身份验证机制;TKIP 和 AES 是数据传输加密算法,类似于 WEP 加密的 RC4 算法;MIC 和 CCMP 数据完整性编码校验算法,类似于 WEP 中的 CRC-32 算法。到现在,一共有三种认证方法:开放式认证、预共享密钥(PSK)认证、IEEE 802.1x 认证。

WPA3 是 Wi-Fi 联盟组织发布的 Wi-Fi 新加密协议,是 WPA2 的后续版本。作为新一代的 Wi-Fi 安全认证计划,其新功能可增强对个人和企业 Wi-Fi 网络的保护。WPA2 已经被广泛采用,在此基础之上,WPA3 增加了新的功能,简化了 Wi-Fi 安全,实现弹性身份验证,为高度敏感的数据市场提供更可靠的加密强度。

目前,WPA2 依旧是所有 Wi-Fi 认证设备的强制要求。但随着 WPA3 的推广和设备制造商的支持,市场采用量不断增加,WPA3 将成为下一代无线安全设备的强制性要求,在此期间,WPA3 通过过渡运行的模式保持与 WPA2 设备的互操作性。

在 WPA3 的具体部署和升级上,WPA3 的升级无关硬件设备,仅仅是软件升级,所以对现有设备来讲,可以很容易地升级到 WPA3。

4. PEAP 加密机制

IEEE 802.1x 是 IEEE 制定的关于用户接入网络的认证标准,它为想要连接到 LAN 或 WLAN 的设备提供了一种认证机制,通过 EAP(Extensible Authentication Protocol)进行认证,控制一个端口是否可以接入网络。

IEEE 802.1x 验证涉及三个部分:申请者、验证者和验证服务器。申请者是一个需要连接到 LAN/WAN 的客户端设备,同时也可以指运行在客户端上,提供凭据给验证者的软件。验证者是一个网络设备,如以太网交换机或无线接入点。验证服务器通常是一个运行着支持 RADIUS 和 EAP 的主机。

IEEE 802.1x 最初为有线接入而设计,因连接需要物理接触,所以在安全方面考虑较少。而无线网络的出现,使设备接入变得容易,需要对 IEEE 802.1x 的安全性进行加强,即增强 EAP 的安全性。除了验证用户外,用户也需要去确保正在连接的是合法热点。改进的 EAP 需要具有强健的加密方式及双向认证。

基于 IETF 的 TLS 标准可以较好地实现这两点需求,三种基于 TLS 的 EAP 即被研制出来: EAP-TLS、EAP-TTLS、EAP-PEAP。

EAP-TLS 基于 Client 和 Server 双方互相验证数字证书。因为 EAP-TLS 需要 PKI 系统为客户端签发证书的缺点,所以设计出了 TTLS 和 PEAP,这两个协议可以在 TLS 隧道内部使用多种认证方法。

因为 PEAP 与 Windows 操作系统的良好协调性,以及可以通过 Windows 组策略进行管理的特性,使得 PEAP 在部署时极其简单。同时,由于 PEAP 可以兼容几乎全部厂商的全部设备,因此对于企业来说,PEAP 是一个最佳的验证协议。

PEAP 是可扩展的身份验证协议(EAP)家族的一个成员。它使用 TLS 为进行 PEAP 验证的客户端和服务器间创建加密隧道。PEAP 没有指定具体的认证方法,可搭配选择多种认证方式,如 EAP-MSCHAPv2、EAP-TLS 等。

PEAP 的认证过程分为以下两个阶段。

(1)服务器身份验证和建立 TLS 安全隧道。Server 向 Client 发送证书信息实现"Client 对 Server 的认证"。

(2)客户端身份认证。在 TLS 隧道内通过多种认证方法(一般为 EAP-TLS 或 EAP-MSCHAPv2)与 PEAP 共用实现"Server 对 Client 的认证"。EAP-MSCHAPv2 认证方法中,客户端使用凭据(基于密码)对客户端进行身份验证;EAP-TLS 认证方法中,客户端使用证书对客户端进行验证,必须部署 PKI,PEAP 使用 PKI 来确保用户验证过程不会被攻击者或恶意人员截获和破解。

5. TKIP 加密机制

TKIP 是 IEEE 802.11i 标准采用的过渡安全解决方案,它是包裹 WEP 协议外的一套算法,用于改进 WEP 算法的安全性。它可以在不更新硬件设备的情况下,通过软件的方法实现系统安全性的提升。TKIP 与 WEP 一样都是基于 RC4 加密算法,但是为了增强安全性,将初始化矢量 IV 的长度由 24 位增加到 48 位,WEP 密钥长度由 40 位增加到了 128 位,同时对现有的 WEP 协议进行了改进,新引入了 4 个算法来提升安全性。

（1）防止出现弱密钥的单包密钥(Per-Packet Key)生成算法。

（2）防止数据遭非法篡改的消息完整性校验码(Message Integrity Code,MIC)。

（3）可防止重放攻击的具有序列功能的 IV。

（4）可以生成新的加密和完整性密钥,防止 IV 重用的再密钥(rekeying)机制。

加密过程如图 2-9 所示。

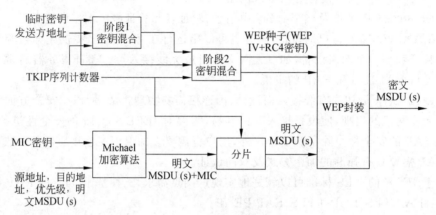

图 2-9 TKIP 加密过程

TKIP 的加密过程主要包括以下几个步骤。

（1）媒体协议数据单元(Medium Protocol Data Unit,MPDU)的生成:首先发送方根据源地址(SA)、目的地址(DA)、优先级(Priority)和 MAC 服务数据单元(MAC Service Data Unit,MSDU),利用 MIC 密钥(MIC Key)通过 Michael 算法计算出消息完整性校验码(MIC),并将 MIC 添加到 MSDU 后面,一起作为 WEP 算法的加密对象,如果 MSDU 加上 MIC 的长度超出 MAC 帧的最大长度,可以对 MPDU 进行分段。

（2）WEP 种子的生成:TKIP 将临时密钥(Temporal Key)、发送方地址(TA)及 TKIP 序列计数器(TSC)经过两级密钥混合(Key Mixing)函数后,得到用于 WEP 加密的 WEP 种子(WEP Seeds)。对于每个 MPDU,TRIP 都将计算出相应的 WEP 种子。

（3）WEP 封装(WEP Encapsulation):TKIP 计算得出的 WEP 种子分解成 WEP IV 和 RC4 密钥的形式,然后把它和对应的 MPDU 一起送入 WEP 加密器进行加密得到密文 MPDU 并按规定格式封装后发送。

6. CCMP 加密机制

在 IEEE 802.11 环境下,采用流密码的 RC4 算法并不合适,应采用分组密码算法。AES 是美国 NIST 制定的用于取代 DES 的分组加密算法,CCMP 是基于 AES 的 CCM 模式(Couter Mode/CBC-MAC Mode),它完全废除了 WEP,能够解决目前 WEP 表现出来的所有不足,可以为 Wi-Fi 提供更好的加密、认证、完整性和抗重放攻击的能力,是

IEEE 802.11i 中必须实现的加密方式,同时也是 IEEE 针对 WLAN 安全的长远解决方案。CCMP 加密过程如图 2-10 所示。

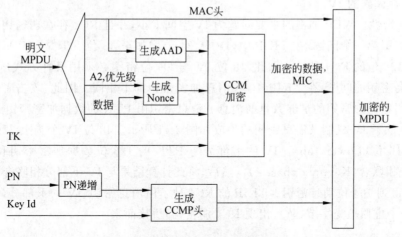

图 2-10　CCMP 加密过程

（1）为保证每个 MPDU 都可以使用新的包号码（Packet Number,PN）,增加 PN 位,使得每个 MPDU 对应一个新的 PN,这样即使对于同样的临时密钥,也不会出现相同的 PN。

（2）用 MPDU 帧头的各字段为 CCM 生成附加鉴别数据（Additional Authentication Data,AAD）,CCM 为 AAD 的字段提供完整性保护。

（3）用 PN、A2 和 MPDU 的优先级字段计算出 CCM 使用一次的随机数（Nonce）。其中,A2 表示地址 2,优先级字段作为保留值置为 0。

（4）用 PN 和 Key Id 构建 8B 长的 CCMP 头。

（5）由 TK、AAD、Nonce 和 MPDU 数据生成密文,并计算 MIC 值。最终消息由 MAC 头、CCMP 头、加密数据及 MIC 连接构成。

7. TKIP 和 AES-COMP 的比较

TKIP 与 AES-COMP 都是用数据加密和数据完整性密钥保护 STA 和 AP 之间传输数据包的完整性和保密性。然而,它们使用的是不同的密码学算法。TKIP 与 WEP 同样使用 RC4,但是与 WEP 不同的是,TKIP 提供了更多的安全性保障。TKIP 的优势为经过一些固件升级后,可以在旧 WEP 硬件上运行。AES-CCMP 需要支持 AES 算法的新硬件,但是其与 TKIP 相比,提供了一个更清晰、更高雅、更强健的解决方案。

TRIP 修复 WEP 中的缺陷包括如下两种。

（1）完整性。TKIP 引进了一种新的完整性保护机制,称为 Michael。Michael 运行在服务数据单元（SDU）层,可在设备驱动程序中实现。

为了能检测重放攻击,TKIP 使用 IV 作为一个序列号。因此,IV 用一些初始值进行初始化,然后每发送一个消息后自增。接收者记录最近接收消息的 IV。如果最新接收到消息的 IV 值小于存储的最小 IV 值,则接收者抛弃此消息。然而,如果 IV 大于存储的最大 IV 值,则保留此消息,并且更新其存储的 IV 值,如果刚收到消息的 IV 值介于最大值和最小值之间,则接收者检查 IV 是否已经存储,如果有记录,则扔掉此消息,否则保留此消息,并且存储新的 IV。

(2)保密性。WEP 加密的主要问题为 IV 空间太小,并且 RC4 存在弱密钥并没有考虑。为了克服第一个问题,在 TKIP 中,IV 从 24 位增加至 48 位。但是,WEP 硬件仍然期望一个 128 位的 RC4 种子。因此,48 位 IV 与 l04 位密钥必须用某种方式压缩为 128 位。对于弱密钥的问题,在 TKIP 中,各消息加密密钥都不相同。因此,攻击者不能观察到具有使用相同的密钥的足够数量的消息。消息密钥由 PTK 的数据加密密钥产生。

TKIP 的新 IV 机制及消息密钥的生成如图 2-11 所示。48 位 IV 分为上 32 位(upper 32b)和下 16 位(Lower 16b)。IV 的上部分与 PTK 的 128 位数据加密密钥和 STA 的 MAC 地址相联合(Key-mix phase 1)。然后,将此计算结果与 IV 下部分相联合(Key-mix phase 2),得到 104 位消息密钥。TKIP 的 RC4 种子由消息密钥、IV 的下部分(分成两个字节)及一个虚假填充字节(防止出现 RC4 弱密钥)拼接而来。

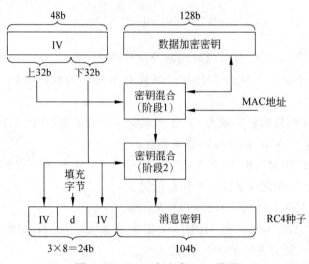

图 2-11 TKIP 中生成 RC4 种子

AES-COMP 的设计比 TKIP 简单,它不必兼容 WEP 硬件。因此,它简单地取代了 RC4,使用基于 AES 的分组加密。并为 AES 定义了一个新工作模式,称为 CCM,它由两种工作模式结合而来:CTR(计数)加密模式和 CBC MAC(加密块链接-消息认证码)模式。在 CCM 模式中,消息发送方计算出消息的 CBC MAC 值,并将其附加到消息上面,然后将其用 CTR 模式加密。CBC MAC 的计算也只设计消息头,然而加密只应用到消息本身。CCM 模式确保了保密性和完整性。重放攻击检测由消息的序列号得以保证,通过将序列号加入到 CBC MAC 计算的初始块中来完成。

2.3.3 WAPI 标准

IEEE 标准组织及 Wi-Fi 联盟先后推出 WEP、IEEE 802.11i(WPA、WPA2、WPA3)等安全标准。这些协议的推出使得无线网络的安全性不断地加强,但却始终缺少对

WLAN 设备身份的安全认证。针对这种情况,中国在无线局域网国家标准 GB 15629. 11—2003 中提出了安全等级更高的无线局域网鉴别和保密基础结构(WLAN Authentication and Privacy Infrastructure,WAPI)安全机制来保证无线局域网的安全。

　　WAPI 作为一种新的无线网络安全协议,可以防范无线局域网络"钓鱼、蹭网、非法侦听"等安全威胁,为无线网络提供了基本的安全防护能力。

1. WAPI 协议鉴别过程

　　WAPI 协议由两部分组成:WAI(WLAN Authentication Infrastructure)和 WPI (WLAN Privacy Infrastructure)。WAPI 的主要鉴别过程如图 2-12 所示。

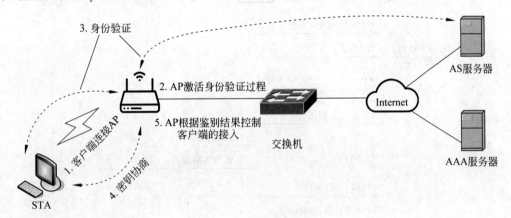

图 2-12　WAPI 鉴别过程

　　图中 AP 泛指提供 WLAN 接入服务的设备,既可以是独立应用的 FAT AP,也可以是无线控制器与 FIT AP 的组合实体。

　　(1) 无线客户端(STA)首先和 WLAN 设备(AP)进行 IEEE 802.11 链路协商。

　　该过程按照 IEEE 802.11 标准定义的过程进行。无线客户端主动发生探测请求 probe request 或者侦听 AP 发送的 Beacon 帧,发现可用的无线网络。此时,支持 WAPI 安全机制的 AP 将会回应或者发送携带 WAPI 信息的探测应答 probe response 或 Beacon 帧。在发现可用的无线网络之后,无线客户端继续发起链路认证交互(authentication)和关联交互(association)。

　　(2) WLAN 设备触发对无线客户端的鉴别处理。

　　无线客户端成功关联 WLAN 设备后,设备在判定此客户端为 WAPI 用户时,将会激活对此用户的身份验证过程。设备会向无线客户端发送鉴别激活触发消息,触发无线客户端发起 WAPI 鉴别交互过程。

　　(3) 鉴别服务器进行证书鉴别完成身份认证。

　　无线客户端发起接入鉴别请求后,WLAN 设备会向远端的鉴别服务器发起证书鉴别请求,鉴别请求消息中同时包含无线客户端和 WLAN 设备的证书信息。鉴别服务器根据证书对二者的身份进行鉴别,并将验证结果发给 WLAN 设备。WLAN 设备和无线客户端任何一方如果发现对方的身份非法,都将会主动终止无线连接。

（4）无线客户端和 WLAN 设备进行密钥协商。

WLAN 设备经鉴别服务器认证成功后,设备会发起与无线客户端的密钥协商过程,先协商出用于加密单播报文的单播密钥,然后再协商出用于加密组播报文的组播密钥。

（5）WLAN 设备根据鉴别结果允许无线客户端访问网络。

完整的 WAPI 鉴别协议交互过程如图 2-13 所示。

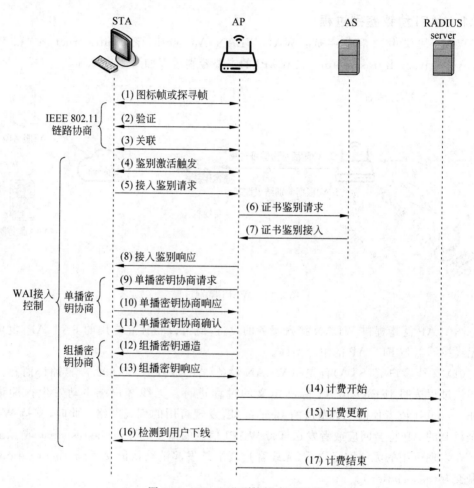

图 2-13　WAPI 鉴别协议交互过程

2. WAI 鉴别的两种实现方式

WAPI 系统中,支持 WAI 鉴别及密钥管理的 STA 通过以下两种方式实现。

（1）基于证书的方式(WAPI-CERT)。

① STA 通过 AP 的信标帧或探询响应帧识别 AP 支持 WAI 鉴别及密钥管理套件。

② STA 和 AP 之间进行链路验证。

③ 在关联过程中,STA 在关联请求中包含 WAPI 信息元素确定选择的密码套件。

④ STA 和 AP 进行证书鉴别过程,协商出 BK。

⑤ STA 和 AP 进行单播密钥协商过程、组播密钥通告过程。

⑥ 把协商出来的密钥和密码套件通知 WPI 模块,进行数据传输保护。

（2）基于共享密钥的方式（WAPI-PSK）。

① STA 通过 AP 的信标帧或探询响应帧识别 AP 支持 WAI 鉴别及密钥管理套件。

② STA 和 AP 之间进行链路验证。

③ 在关联过程中,STA 在关联请求中包含 WAPI 信息元素确定选择的密码套件。

④ 预共享密钥导出 BK 后,STA 和 AP 进行单播密钥协商过程、组播密钥通告过程。

⑤ 把协商出来的密钥和密码套件通知 WPI 模块,进行数据传输保护。

3. WAPI 技术特点

通过对 WAPI 协议鉴别过程的认证可以看到,与其他无线局域网的安全协议相比,WAPI 具有以下特点和优势。

1）双向身份鉴别

在 WAPI 安全体制下,无线客户端和 WLAN 设备二者处于对等的地位,二者身份的相互鉴别在公信的鉴别服务器控制下实现。双向鉴别机制既可以防止假冒的无线客户端接入 WLAN,又可以杜绝假冒的 WLAN 设备伪装成合法的设备。而且在其他的安全机制下,只能够实现 WLAN 设备对无线客户端的单向鉴别,缺乏有效的 WLAN 设备身份的鉴别手段。

2）数字证书身份凭证

WAPI 协议强制使用数字证书作为 WLAN 设备和无线客户端的身份凭证,既方便了安全管理,又可以提升安全性。对于无线客户端申请或者取消入网,管理员只需要颁发新的证书或者取消当前证书即可。这些操作均可以在证书服务器上完成,管理非常方便。其他安全机制没有强制要求用户使用数字证书,当使用用户名和密码作为用户的身份凭证时,用户身份验证凭证过于简单,容易被盗取或冒用。

3）完善的鉴别协议

在 WAPI 中使用数字证书作为用户身份凭证,在鉴别过程中采用椭圆曲线签名算法,并使用安全的消息杂凑算法保障消息的完整性,攻击者难以对进行鉴别的信息进行修改和伪造,所以安全等级高。在其他安全体制中鉴别协议本身存在一定缺陷,鉴别成功信息的完整性校验不够安全,鉴别消息容易被篡改或伪造。

2.4　Wi-Fi 安全威胁及原理

2.4.1　常见安全威胁

因为无线网络是一个开放的环境,所以它面临的安全威胁相对有线网络来说也更多,概括起来,主要有以下几个方面。

1. 被动窃听和流量分析

由于无线通信的特征,一个攻击者可以轻松地窃取和存储在 Wi-Fi 内的所有信息。甚至当一些信息被加密,攻击者也可以从特定消息中学习到部分或全部的信息。除此之外,加密的消息会根据攻击者自身的需求来产生。例如,被记录的消息或明文的信息有可能会被用来破解加密密钥、解密完整报文,或者通过流量分析技术获取其他有用信息。

2. 消息注入和主动窃听

一个攻击者能够通过使用适当的设备向无线网络中增加信息,这些设备包括拥有公共的无线网络接口卡(NIC)的设备和一些相关软件。虽然大多数的无线 NIC 的固件会阻碍接口构成符合 802.11 标准的报文,但是攻击者仍然能够通过使用已知的技术控制任何领域的报文。因此,攻击者可以产生任何选定的报文或者修改报文的内容,并完整地控制报文的传输。如果一个报文是要求被认证的,攻击者可以通过破坏数据的完整性算法来产生一个合法有效的报文。如果没有重放保护或者是攻击者可以避免重放,那么攻击者就同样可以加入重放报文。此外,通过加入一些选好的报文,攻击者可以通过主动窃听从系统的反应中获取更多的消息。

3. 消息删除和拦截

假定攻击者可以进行消息删除,这意味着攻击者能够在报文到达目的地之前从网络中删除报文。这可以通过在接收端干扰报文的接收过程来完成,例如,通过在循环冗余校验码中制造错误,使得接收者丢弃报文。这一过程与普通的报文出错相似,但是可能是由攻击者触发的。消息拦截的意思是攻击者可以完全地控制连接。换句话说,攻击者可以在接收者真正接收到报文之前获取报文,并决定是否删除报文或者将其转发给接收者,这比窃听和消息删除更加危险。此外,消息拦截与窃听和重发有所不同,因为接收者在攻击者转发报文之前并没有收到报文。

4. 数据的修改或替换

数据的修改或替换需要改变节点之间传送的信息或抑制信息,并且加入替换数据,由于使用了共享媒体,这在任何局域网中都是很难办到的。但是在共享媒体上,功率较大的局域网节点可以压过另外的节点,从而产生伪数据。如果某攻击者在数据通过节点之间的时候对其进行修改或替换,那么信息的完整性就丢失了。

5. 伪装和无线 AP 欺诈

伪装即某一节点冒充另一节点。因为 MAC 地址的明文形式包含在所有报文之中,并通过无线链路传输,攻击者可以通过侦听学习到有效 MAC 地址。攻击者同样能够将自己的 MAC 地址修改成任意参数,因为大多数的固件给接口提供了这样做的可能。如果一个系统使用 MAC 地址作为无线网络设备的唯一标识,那么攻击者可以通过伪造自己的 MAC 地址来伪装成任何无线基站,或者是通过伪造 MAC 地址并且使用适当的自由软件正常工作可以伪装成接入点 AP。

无线 AP 欺诈是指在 Wi-Fi 覆盖范围内秘密安装无线 AP,窃取通信、WEP 共享密钥、SSID、MAC 地址、认证请求和随机认证响应等保密信息的恶意行为。为了实现无线 AP 的欺诈目的,需要先利用 Wi-Fi 的探测和定位工具,获得合法无线 AP 的 SSID、信号强度、是否加密等信息。然后根据信号强度将欺诈无线 AP 秘密安装到合适的位置,确保无线客户端可在合法 AP 和欺诈 AP 之间切换,当然还需要将欺诈 AP 的 SSID 设置成合法的无线 AP 的 SSID 值。恶意 AP 也可以提供强大的信号并尝试欺骗一个无线基站使其成为协助对象,来达到泄露隐私数据和重要消息的目的。

6. 会话劫持

无线设备在成功验证了自己之后会被攻击者劫持一个合法的会话。例如,攻击者首先使一个设备从会话中断开,然后攻击者在不引起其他设备的注意下伪装成这个设备来获取链接。在这种攻击下,攻击者可以收到所有发送到被劫持的设备上的报文,然后按照被劫持的设备的行文发送报文。

7. 中间人攻击

这种攻击与信息拦截不同,因为攻击者必须不断地参加通信,如果在无线基站和 AP 之间已经建立了连接,攻击者必须要先破坏这个连接。然后,攻击者伪装成合法的基站和 AP 进行联系。如果 AP 对基站之间采取了认证机制,攻击者必须欺骗认证。最后,攻击者必须伪装成 AP 来欺骗基站和它进行联系。如果基站对 AP 采取了认证机制,攻击者必须欺骗到 AP 的证书。

8. 拒绝服务攻击

WLAN 系统是很容易受到 DoS 攻击的,一个攻击者能够使得整个基本服务集不可获取或者扰乱合法的连接。利用无线网的特性,一个攻击者可以用几种方式发出 DoS 攻击。例如,伪造出没有受保护的管理框架,利用一些协议的弱点或者直接人为干扰频带使得合法使用者的服务被拒绝。

9. 病毒和木马

与有线互联网络一样,移动通信网络和移动终端也面临着病毒和木马的威胁。首先,携带病毒的移动终端不仅可以感染无线网络,还可以感染有线网络,由于无线用户之间交互的频率很高,病毒可以通过无线网络迅速传播,再加上有些跨平台的病毒可以通过有线网络传播。这样传播的速度就会进一步加快。其次,移动终端的运算能力有限,PC 上的杀毒软件很难使用而且很多无线网络都没有相应的防护措施。另外,移动设备的多样化以及使用软件平台的多种多样,给防范措施带来很大的困难。

2.4.2　密码泄露

企业 Wi-Fi 密码泄露主要有以下 4 个方面的原因:Wi-Fi 密码被不当分享、Wi-Fi 密码使用弱口令、Wi-Fi 密码加密方式不安全、DDoS 攻击。就现阶段而言,Wi-Fi 密码被不当分享的问题,已经成为企业 Wi-Fi 网络所面临的最为首要的安全性问题。

1. Wi-Fi 密码被不当分享

密码设置得再复杂,只要有人将密码进行了公开分享,事实上密码也就泄露了,而且可以被任何人使用。客观地说,企业 Wi-Fi 密码被不当分享的问题,给企业造成的损害要比任何 Wi-Fi 攻击技术都要大得多。因为不论使用什么样的 Wi-Fi 攻击技术,包括暴力破解,都必须要靠近目标 Wi-Fi 的覆盖区域才能实施,而且还必须使用破解软件或破解工具,一个一个地尝试。但通过第三方 Wi-Fi 分享工具,攻击者几乎可以零成本的同时获取大量企业的 Wi-Fi 密码,其危险性可想而知。

事实上,企业 Wi-Fi 密码被泄露的风险要远远大于个人或家用的 Wi-Fi 网络密码。这主要是因为家用 Wi-Fi 网络的使用者一般为 3~5 人,而企业 Wi-Fi 网络往往有数十人,甚至成百上千多的人在同时使用。而对于一个加密的 Wi-Fi 网络来说,只要有一个人不慎将密码分享了出来,密码也就不再是秘密了。因此,相对而言,企业 Wi-Fi 的密码被"意外分享"到第三方 Wi-Fi 密码分享平台上的概率要远远大于个人或家用 Wi-Fi 的密码。

某些第三方 Wi-Fi 密码分享平台的产品逻辑也进一步加剧了企业 Wi-Fi 密码被"意外分享"的节奏。例如,2015 年年初,媒体广泛报道了某个知名的第三方 Wi-Fi 密码分享工具可能造成用户信息泄露的新闻。报道显示,该产品在用户安装后,会默认勾选"自动分享热点"选项。这种默认设置就会导致无论用户接入什么样的 Wi-Fi 网络,该软件都会自动地将 Wi-Fi 密码分享到其服务平台上。这使得部分用户在蹭别人网络的同时,也将自己家里的 Wi-Fi 密码分享了出去。使用该软件的近亿用户一旦接入任何企业的 Wi-Fi 网络,都会自动地把企业的 Wi-Fi 密码分享出去,而这一过程企业网管几乎完全无法控制和阻止。

2. Wi-Fi 密码使用弱口令

Wi-Fi 密码强度不够,就使得攻击者可以通过简单的暴力破解方式破解 Wi-Fi 密码。攻击者事实上并不需要穷举密码排列的所有组合,只需要用 20 个密码进行尝试,基本上就几乎可以破解密码了。弱口令问题是企业 Wi-Fi 最为普遍存在的安全隐患。

此外,一些公共场所的 Wi-Fi 热点并没有设置密码,如校园网,但在连接时会弹出一个登录或微信认证的页面,只有在此页面完成操作才能正常访问网络,此种技术称为 Captive Portal,中文通常译作"强制主页"或"强制登录门户"。通常由网络运营商或网关在用户能够正常访问互联网之前拦截用户的请求并将一个强制登录或认证主页呈现(通常是通过浏览器)给用户。

Captive Portal 主要存在 4 方面的安全威胁:数据未加密直接嗅探;钓鱼攻击;可尝试攻击 Portal 服务器;MAC 伪造成已认证用户。

3. Wi-Fi 密码加密方式不安全

Wi-Fi 密码最常见的加密认证方式有三种,分别是 WPA、WPA2 和 WEP。其中,WEP 加密认证的加密强度相对较低,最容易被黑客破解。因此,WEP 加密认证方式在绝大多数的新型家用无线路由器中已不再使用,但在一些型号相对较老的路由器中仍有使用。

4. 无线 DDoS 攻击

这是一种相对而言比较高级的 Wi-Fi 密码攻击方式。攻击者首先对一定范围内的所有 Wi-Fi 路由器发起无差别泛洪拒绝服务攻击,使得该范围内的无线热点都不可用(移动终端连不上热点),从而迫使已经连线终端下线。随后,攻击者停止攻击,并在网络恢复过程中抓取大量握手包,用于离线破解密码。一般来说,这种攻击方式的针对性很强。

2.4.3　钓鱼 AP

随着城市无线局域网热点在公共场所大规模的部署,无线局域网安全变得尤为突出和重要,其中,伪 AP 钓鱼攻击是无线网络中严重的安全威胁之一。

受到各种客观因素的限制,很多数据在 Wi-Fi 网络上传输时都是明文的,如一般的网页、图片等;甚至还有很多网站或邮件系统在手机用户进行登录时,将账号和密码也进行了明文传输或只是简单加密传输(加密过程可逆)。因此,一旦有手机接入攻击者架设的伪 AP,那么通过这个伪 AP 传输的各种信息,包括账号和密码等,就会被攻击者所截获。

伪 AP 钓鱼攻击,是通过仿照正常的 AP,搭建一个伪 AP,然后通过对合法 AP 进行拒绝服务攻击或者提供比合法 AP 更强的信号迫使无线客户端连接到伪 AP。因为无线客户端通常会选择信号比较强或者信噪比(SNR)低的 AP 进行连接。为了让客户端连接达到无缝切换的效果,伪 AP 应该以桥接方式连接到另外一个网络。如果成功地进行了攻击,则会完全控制无线客户端网络连接,并且可以发起任何进一步的攻击。伪 AP 攻击示意图如图 2-14 所示。

受害用户　　　　伪无线接入AP　　　　攻击者

图 2-14　伪 AP 示意图

1. 钓鱼 AP 工作工程

伪 AP 攻击利用了 IEEE 802.11a/b/g/n 协议机制的漏洞以及 Wi-Fi 终端如笔记本、手机等,对接入 AP 选择机制的漏洞进行攻击,其攻击环境示意图如图 2-15 所示。攻击时会经多个步骤分阶段实现,如图 2-16 所示。

(1) 用户正常上网时,通过真实的接入点连入互联网。攻击者在进行攻击时。第一步会利用无线网卡搭建伪 AP,该 AP 的服务集标识(Service Set Identifier,SSID)即无线网络名称、加密方式及口令都与真实 AP 完全相同。Wi-Fi 口令可以通过暴力破解,成功率依赖于破解字典的选择。不过目前很多 AP 都默认开启了 WPS 功能,其 PIN 码的密钥空间只有 11 000 种可能,这极大地降低了获取口令的难度。

(2) 攻击者会进行持续的 DOS 攻击,让用户与真实接入点断开连接。攻击方式可以采用细粒度的方法,只针对某个 AP 或某个终端,如发送去认证/去关联帧、CTS/RTS 帧等。也可以采用针对某一个或某几个信道的通信阻断方法,如传统的噪声干扰法或信令级的信道占用法。

(3) 用户在与真实 AP 断开连接后,会在所有信道上发送 Probe Request 帧,以嗅探周围网络环境。通常用户上网终端上会保留所有已成功连接过的 AP 信息,包括 SSID、加密方式、口令等,并建立配置列表。Probe Request 帧既可以为广播包,不指定接收方,也可以明确指明接收对象,该接收对象为已连接过的 AP。伪 AP 在收到 Probe Request

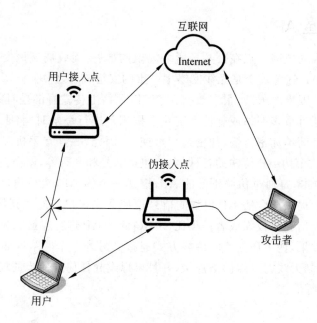

图 2-15　伪 AP 攻击环境示意图

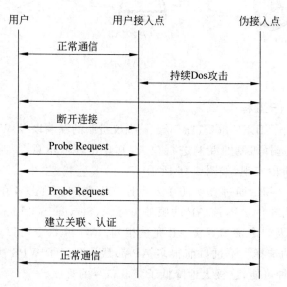

图 2-16　伪 AP 攻击流程

帧后,如发现其为广播帧,或接收对象信息与自身吻合,将会回复 Probe Response 帧。用户收到 Probe Response 帧后,将尝试利用已保存的配置信息进行关联、认证。若关联、认证均通过后,即可正常通过该伪 AP 进行网络通信。

(4) 攻击者会利用嗅探请求相应机制,通过建立的伪 AP 回应 Probe Response 帧。一方面,当周围存在多个配置相同的 AP 时,客户端通常会选择信号质量最好的一个进行接入,而攻击者会提高伪 AP 发射功率或使其靠近用户,以确保其信号质量优于真实 AP;

另一方面,由于真实 AP 受到持续的 DoS 攻击,无法正常地完成关联、认证服务,继而也无法使客户端接入,因此,用户最终将会接入攻击者搭建的伪 AP。

2. 钓鱼 AP 隐患

无线客户端可以使用两种扫描方式:主动扫描和被动扫描。在主动扫描中,客户端发送 Probe Request,接收由 AP 发回的 Probe Response。在被动扫描中,客户端在每个频道监听 AP 周期性发送的 Beacon。之后是认证(Authentication)和连接(Association)过程。

2004 年,Dino dai Zovi 和 Shane Macaulay 发布了 Karma 工具。Karma 通过利用客户端主动扫描时泄露的已保存网络列表信息(preferred/trusted networks),随后伪造同名无密码热点吸引客户端自动连接。

当 Karma 发现有客户端发出对 SSID 为 Telekom 的热点请求时,向其回复 Probe Response;当 Karma 发现有客户端发出对 SSID 为 RUB-Wi-Fi 的热点请求时,也向其回复 Probe Response。

这实质上违反了 IEEE 802.11 标准协议,无论客户端请求任何 SSID,都向其回复表示自己就是客户端所请求的热点,使客户端对自己发起连接。

随着各厂商对于 Directed Probe 泄露 SSID 导致钓鱼攻击问题的重视,在较新的设备中都改变了主动扫描的实现方式。主要使用不带有 SSID 信息的 Broadcast Probe,大大降低了 Directed Probe 的使用频率。

在 2014 年的 Defcon 22 上,由 Dominic White 和 Ian de Villiers 发布了 Mana,可以理解为 Karma 2.0。Mana 能够收集周围空间的 SSID 信息(来自于老设备的 Directed Probe)或者用户自定义。当接收到 Broadcast Probe Request 时,Mana 会根据列表中的每一个 SSID 构造成 Probe Response 向客户端回复。针对 iOS 对 Hidden SSID 的处理,Mana 会自动创建一个隐藏热点用于触发送 iOS 设备发送 Directed Probe Request。Mana 增加了伪造 PEAP 等 EAPSSL 方案的热点功能,可以抓取并破解 EAPhash。破解后将认证信息存入 Radius 服务器,客户端下次重连就能成功连接了。

如果攻击者在公共场合开启了 Karma 或 Mana 攻击,便能轻松吸引周边大量设备连接到攻击者的热点。随后攻击者便能随心所欲对网络内的客户端进行流量嗅探或其他的中间人攻击了。

攻击者可对捕获的流量进行进一步处理,如果使用中间人攻击工具,甚至可以截获采用了 SSL 加密的邮箱信息,而那些未加密的信息更是一览无余。由于攻击者的攻击系统与被钓鱼的终端建立了连接,攻击者可以寻找可利用的系统漏洞,并截获终端的 DNS/URL 请求,返回攻击代码,给终端植入木马,达到最终控制用户终端的目的。此时,那些存储在终端上的资料已经是攻击者的囊中之物。这些信息会给用户带来如下一些隐患。

1) 跳过加密机制的保护

伪 AP 攻击成功的前提是要先建立与真实 AP 加密方式及口令完全相同的虚假 AP。因此获得真实 AP 的口令就变得格外重要。目前很多城市的公共及娱乐休闲场所都已经布设了免费 Wi-Fi 热点,如机场、商场等,而用户终端在默认情况下会自动保存这些 AP 的配置信息以便下次自动连接。上网终端在断开与真实 AP 的连接后,会在所有信道上发送 Probe Request 帧,其中就包括 AP 的 SSID。这时攻击者可以在进行 DoS 攻击后,转而选择伪装为该未加密的 AP,以省去破解口令的步骤。用户仍以为身处在加密机制的保护下,殊不知早已连接至公开网络中。

2)泄露账户信息

用户连接至伪 AP 后,其通信流量可完全被攻击者获取,此时若用户输入用户名、口令等账户敏感信息,那么极有可能被攻击者截获,从而引起安全隐患。

3)诱骗至钓鱼网站

攻击者除了监控用户流量外,还可以进行数据流里的重定向。当攻击者监测到用户试图连接网上银行或购物网站时,可以将其网页重定向到钓鱼网站,待用户输入用户名和口令后,对其账户财产进行操作,将给用户带来巨大经济损失。

2.4.4 私接 AP

1. 私接 AP 的概念

Wi-Fi 已经成为生活的一部分了,在企业中,有些员工会在自己的工作地方安装非法接入点,来弥补企业无线没有办法覆盖到的地方,还有一些企业网用户不再满足于只让实际办公用途的计算机上网,他们把家中的笔记本、智能手机、平板电脑带到单位,通过非法架设 SOHO 路由器、随身 Wi-Fi、安装免费 Wi-Fi 软件等,绕过网络管理员的检测,实现非法接入企业网,然后就可以通过他们自己的设备实现一些移动平台的网络应用。

在未获得许可和安全检查的情况下,私自使用无线设备搭建无线热点,供他人使用的方式统称为私接或流氓 AP。这种利用企业有线网络资源,为个人提供移动办公或有其他目的的情况,相信很多企业内部都存在,而且也确实有很多的优点,例如,使用便捷、即插即用、低成本。但是殊不知这种看似方便的应用习惯,存在着诸多的弊端和网络安全隐患,比如隐蔽性好不易被发现、对无线安全检查带来困难、无弱密码、极容易被破解、挂马等。

私接 AP 大致有以下几种方式。

(1)软 AP。利用例如笔记本电脑自带的无线网卡,启动网卡驱动程序中的相关功能,达到与 AP 一样的信号转接、路由等功能。需要一定的命令操作,但相关操作教程容易获得。

(2)即插 Wi-Fi。相比较第一种,即插 Wi-Fi 这种硬件设备就简单得多,直接通过 USB 接入计算机,简单配置就可以完成热点的建设,所需要的成本较低。

2. 私接 AP 隐患

用户的非法接入行为给整个企业网络带来以下几个方面的严重影响。

(1)用户私接的即插 Wi-Fi 等设备安全性低,容易给整个网络带来明显的安全缺口,架设这些接入点的用户,他的本意可能不是破坏网络,但是他却为网络的安全留下了缺口。随处可见的接入点,让一个进入企业区域内的陌生人都可以接入到企业网络中,各级昂贵的网络边界设备都被绕过。众多非法接入点的存在,从某种意义上说,让企业网的一些区域变成了开放的网络,如果有人真想在网络内部搞点儿黑客行为是非常容易的。

（2）接入的 PC 或移动终端等设备本身安全性不可控，给整体网络带来较大的安全隐患。

（3）对企业本身的无线网络形成干扰，影响办公无线网络的正常使用，非法接入的计算机和移动设备占用了大量的带宽，让整个企业网的运行效率降低。

（4）用户共享自己的网络权限给其他用户，绕开了企业设置的网络安全管理策略，使得原本没有上网权限的用户可以上网了，或者原本上网权限较低的用户拥有了较高的权限，给网络管理带来了漏洞，企业内网安全以及数据防泄露工作受到威胁。

（5）在运营商承建的网络当中，用户通过私接无线路由器，多人共用一个上网账号，网络共享现象严重，将直接影响其经济利益，降低投入回报比。

由于有大量私接方法和私接硬件作为支撑，使企业内部频繁出现不易被察觉的私接现象，同时员工对于私接存在的安全隐患认识不够，没有很好的监测和检查手段，这些原因无异于是在内网环境中开放一条入侵捷径，为企业带来极大的安全隐患。

2.4.5　Ad Hoc

Ad Hoc 网络是一个临时的无中心基础设施的网络，它由一系列移动节点在无线环境中动态地建立起来，而不依赖任何中央管理设备。在 Ad Hoc 网络中的移动节点必须要像传统网络中的强大的固定设施一样提供相同的服务。这是一个有挑战性的任务，因为这些节点的资源是有限的，如 CPU、存储空间、能源等。另外，Ad Hoc 网络环境具有的一些特点也增加了额外的困难，例如，由于节点移动而造成的频繁的拓扑改变，又如无线网络信道的不可靠性和带宽限制。

关于 Ad Hoc 网络领域的早期研究的目标主要放在对于一些基本问题提出解决方案，来处理由于网络或者节点的特性而带来的新的挑战。然而，这些解决方案并没有很好地考虑安全问题，因此，Ad Hoc 网络很容易受到安全威胁。

1. 移动 Ad Hoc 网络特点

Ad Hoc 网络有区别于传统网络的特点，而正是这些特点使它比传统网络更容易受到攻击，这也使其安全问题的解决方案与其他网络不同。

（1）无基础设施。中央服务器、专门的硬件和固定的基础设施在 Ad Hoc 网络中都不存在了。这种基础设施的取消，使得分层次的主机关系被打破，每个节点维持着一种相互平等的关系。也就是说，它们在网络中扮演着分摊协作的角色，而不是相互依赖。这就要求安全方案要基于合作方案而不是集中方案。

（2）使用无线链路。无线链路的使用让无线 Ad Hoc 网络更易受到攻击。在无线 Ad Hoc 网络中，攻击可以来自各个方向，并且每个节点都可能成为攻击目标。因此，无线 Ad Hoc 网络没有一道清晰的防线，每个节点都必须做好防御攻击的准备。此外，由于信道是可以广泛接入的，在 Ad Hoc 网络中使用的 MAC 协议，如 IEEE 802.11，依赖于区域内的信任合作来确保信道的接入，然而这种机制对于攻击却显得很脆弱。

（3）多跳。由于缺乏核心路由器和网关，每个节点自身充当路由器，每个数据包要经过多跳路由，穿越不同的移动节点才能到达目的节点。由于这些节点是不可信赖的，导致网络中潜藏着严重的安全隐患。

（4）节点自由移动。移动节点是一个自制单元，它们都是独立地移动。这就意味着，在如此大的一个 Ad Hoc 网络范围内跟踪一个特定的移动节点不是一件容易的事情。

（5）能量限制。Ad Hoc 网络的移动节点通常体积小、重量轻，所以也只能用小电池来提供有限的能量，只有这样才能保证节点的便携性。安全解决方案也应该将这个限制考虑在内。此外，这种限制还有一个弱点，就是一旦节点停止供电，就会导致节点的故障。所以，攻击者可能将节点的电池作为攻击目标，造成断开连接，甚至造成网络的分区。这种攻击通常叫作能源耗竭攻击。

（6）内存和计算功率限制。Ad Hoc 网络中的移动节点，通常存储设备能力比较小且计算能力较弱，对于高复杂性的安全解决方案，如密码学，会受到限制。

2. Ad Hoc 网络安全的威胁

Ad Hoc 网络安全的威胁分为以下两种。

1）攻击

攻击包括任何故意对网络造成损害的行为，可以根据行为的来源和性质分类。根据来源可以分为外部攻击和内部攻击；而根据性质分类则可以分为被动攻击和主动攻击。

外部攻击：这种攻击方式是由并不属于逻辑网络或者没有被允许接入网络的节点发起的。这种节点穿透了网络区域来发动攻击。

内部攻击：这种攻击是由内部的妥协节点发起的。这种攻击方式更普遍，为抵抗外部攻击而设计的防御措施对于内部妥协节点和内部恶意节点是无效的。

被动攻击：被动攻击是对某些信息的持续收集，这些信息在发起后，主动攻击时会被用到。这就意味着，攻击者窃听了数据包，并且分析提取了所需要的信息。要解决这种问题，一定要对数据进行一定的保密性处理。

主动攻击：这种攻击包含几乎所有其他与受害节点主动交互的攻击方式，像能源耗竭攻击，这是一种针对蓄电池充电的攻击；劫持攻击，攻击者控制了两个实体的通信，并且伪装成它们其中之一；干扰，这会导致信道的不可用，攻击针对路由协议。还有很多其他方式的攻击。大部分这类攻击导致了拒绝服务（Denial of Service，DoS），这是指在节点间通信部分或者完全停止。

2）不当行为

不当行为威胁是指一个未经授权的内部节点能够在无意中对其他节点造成损害的行为。也就是说，这个内部节点本身并不是要发起一个攻击，只是它可能有其他目的，与其他节点相比，它能够获得不平等的优势。例如，一个节点可能不遵守 MAC 协议，这样可以获得更高的带宽，或者它接受了协议，但是并不转发代表其他节点的数据包以保护自己的资源。

2.4.6　漏洞攻击

随着 Wi-Fi 的不断广泛应用，Wi-Fi 及即插 Wi-Fi 遭到攻击的次数呈几何式增长。黑客主要采用的攻击方法包括远程执行攻击、XSS 跨站脚本攻击、命令执行攻击、恶意 DNS

篡改攻击及任意文件读取攻击等。

　　根据已经曝光的漏洞来看,目前包括 TP-Link、Cisco 等多家厂商的产品都存在不同数量的漏洞,尽管一些厂商已经在官网发布了修复补丁,但普通用户很难在第一时间获知漏洞及修复的详细信息,因此这些漏洞的影响仍在不断扩大。

　　360 互联网安全中心发布的《中国家用路由器安全报告》显示,国内家用路由器保有量约 1 亿台左右,常用路由器型号超过 1000 款。虽然我国路由器数量惊人,但是路由器安全隐患问题十分严重,如图 2-17 和图 2-18 所示,其中,CSRF 漏洞在可识别型号/固件版本的 4014 万台路由器中覆盖率高达 90.2%。另外,全国约有 80 万台路由器没有 Wi-Fi 密码,约 330 万用户采用了 WEP 加密,这些都令路由器处于高危状态,极易被黑客利用攻击,而黑客如果掌控路由器就意味着掌控了所有连接路由器的网络设备,手机、平板电脑等敏感信息都将外泄,严重者会造成银行账号的财产损失。

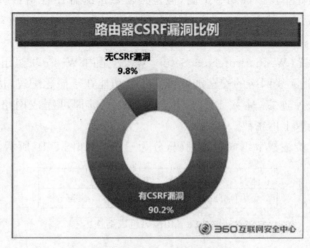

图 2-17　路由器 CSRF 漏洞比例

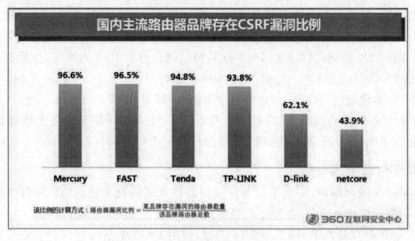

图 2-18　路由器存在 CSRF 漏洞比例

除了 Wi-Fi 的硬件漏洞,软件漏洞也对 Wi-Fi 安全带来极大的影响。

2017 年 10 月,一直被认为非常安全的 WPA2 协议被爆出严重漏洞。这一漏洞的实现原理,并非是黑客破解 Wi-Fi 密码,而是针对 WPA2 协议中的四次握手过程中的一个漏洞实现进行攻击。该漏洞影响了许多操作系统和设备,包括 Android、Linux、Apple、Windows 等,几乎所有 Wi-Fi 设备,也就是手机、笔记本、路由器以及游戏机等,都能够被攻陷。

2.4.7　暴力破解

暴力破解目前主要的方法有 PIN 码破解和握手包弱密码破解。

1. 路由器 PIN 码暴力破解

PIN 码破解最简单所以成功率最高,但是必须要路由器开启 WPS 才可以进行,路由器开启 WPS 功能后,会随机生成一个 8 位的 PIN 码,可以通过暴力枚举 PIN 码,达到破解的目的。

Wi-Fi 保护设置(Wi-Fi Protected Setup,WPS)是由 Wi-Fi 联盟组织实施的认证项目,主要致力于简化无线网络的安全加密设置。其功能在于简化配置,快速配置一个基于 WPA2 的网络。快速连接,输入 PIN 码或按下 WPS 键即可完成网络连接。因此通过 PIN 码可以直接提取上网密码。

PIN 码是由 8 位纯数字组成的识别码,分为三部分,如图 2-19 所示。

1	2	3	4	5	6	7	0
第1部分				第2部分			第0部分

图 2-19　PIN 码组成结构

前 4 位为第一部分,第 5~7 位为第二部分,最后一位为第三部分。第一部分的验证跟第二部分没关联,最后 1 位是根据第二部分计算得出的校验码。

破解一开始是先单独对第一部分进行 PIN 码匹配,也就是说,先使用穷举法破解前 4 位 PIN 码。前 4 位是 0000~9999,总共 10 000 个组合。

当前 4 位 PIN 码确定后再使用穷举法对第二部分进行 PIN 码匹配,也就是再对 5~7 位进行破解,5~7 位是 000~999,总共 1000 个组合。

当前 7 位都确定后,最后一位也会自动得出,破解完成。

根据 PIN 码破解的原理,可以看到只需要枚举 11 000 种情况就会必然破解出 PIN 码,从而通过 PIN 码得到 Wi-Fi 密码。

2. 握手包弱密码破解

当连接到无线网络时,需要手机等终端设备将认证信息发送到 AP 进行四次握手校验,此时,如果能抓到握手包,使用字典破解,很有可能会成功。

WPA 握手过程是基于 IEEE 802.1x 协议,使用 EAPOL-Key 进行封装传输。握手过程如图 2-20 所示。

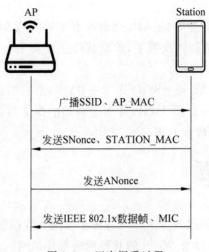

图 2-20　四次握手过程

1）AP 初始化

使用 SSID 和 passphrase 作为输入参数,通过哈希算法产生 PSK,在 WPA-PSK 中 PMK＝PSK。

2）第一次握手

AP 广播 SSID、AP_MAC(AA)。Station 端使用接收到的 SSID、AP_MAC 和 passphrase 使用同样算法产生 PSK。

3）第二次握手

Station 发送一个随机数 SNonce,STATION_MAC(SA)给 AP。

AP 端接收到 SNonce、STATION_MAC(SA)后产生一个随机数 ANonce,然后用 PMK、AP_MAC(AA)、STATION_MAC(SA)、SNonce、ANonce 计算产生 PTK,提取这个 PTK 的前 16B 组成一个 MIC KEY。

4）第三次握手

AP 发送上面产生的 ANonce 给 Station,Station 端用接收到的 ANonce 和以前产生 PMK、SNonce、AP_MAC(AA)、STATION_MAC(SA)同样的算法产生 PTK。提取这个 PTK 的前 16B 组成一个 MIC KEY 计算产生 MIC 值,用这个 MIC KEY 和一个 IEEE 802.1x 数据帧计算得到 MIC 值。

5）第四次握手

Station 发送 IEEE 802.1x 数据帧、MIC 给 AP;Station 端用上面那个准备好的 IEEE 802.1x 数据帧在最后填充上 MIC 值和两个字节的 0(十六进制),然后发送这个数据帧到 AP。

AP 端收到这个数据帧后提取这个 MIC,并把这个数据帧的 MIC 部分都填上 0(十六进制),这时用这个 IEEE 802.1x 数据帧和用上面 AP 产生 MIC KEY 同样的算法得出 MIC′。如果 MIC′等于 Station 发送过来的 MIC,那么第四次握手成功。若不相等,则说明 AP 和 Station 的密钥不相同,握手失败。

攻击过程如下。

使用工具攻击终端需要连接的 AP,使得所有正在连接的设备全部断线重新连接。重新连接这个过程就需要进行四次握手,此时就产生了握手包,抓到握手包后,选择字典进行密码破解即可。

用暴力字典中的 passphrase+SSID 先生成 PMK,然后结合握手包中的 STA_MAC、AP_MAC、ANonce、SNonce 计算 PTK,再加上原始的报文数据算出 MIC 并与 AP 发送的 MIC 比较,如果一致,那么该 PSK 就是密钥。

 思考题

1. 什么是无线网络?简述其分类以及每种类型的无线网络各有什么特点。
2. 简述 Wi-Fi 的概念,以及 Wi-Fi 的几种网络拓扑结构。
3. Wi-Fi 使用哪些标准?简述每种标准的特点。
4. Wi-Fi 协议中使用了哪些加密算法?简述其原理。
5. Wi-Fi 中存在的安全威胁都来自哪些方面?
6. 选取几个 Wi-Fi 安全威胁案例,并简述其原理。

第 3 章
无线网络入侵防御

3.1 无线网络防护的基本要求

根据国家标准 GB/T 22239—2019《信息安全技术 网络安全等级保护基本要求》,在第二级基本要求中,对网络安全有如下要求。

(1) 边界防护。应保证跨越边界的访问和数据流通过边界设备提供的受控接口进行通信。

(2) 访问控制。应在网络边界和区域之间根据访问控制策略设置访问控制规则,默认情况下除允许通信外受控接口拒绝所有通信。

(3) 入侵防范。应在关键网络节点处监视网络攻击行为。

在第三级基本要求中,对网络安全有如下要求。

(1) 边界防护。

① 应保证跨越边界的访问和数据流通过边界设备提供的受控接口进行通信。

② 应能够对非授权设备私自联到内部网络的行为进行检查或限制。

③ 应能够对内部用户非授权联到外部网络的行为进行检查或限制。

④ 应限制无线网络的使用,保证无线网络通过受控的边界设备接入内部网络。

(2) 访问控制。应在网络边界和区域之间根据访问控制策略设置访问控制规则,默认情况下除允许通信外受控接口拒绝所有通信。

(3) 入侵防范。应在关键网络节点处检测、防止或限制从外部或内部发起的网络攻击行为。

为了达到此标准,一个合格的无线防护应当对无线网络中的威胁做到快速识别和有效防卫,如图 3-1 所示。

因此,无线网络安全应达到以下一些基本要求。

3.1.1 无线安全评估

快速发展的无线网络在移动设备领域扮演着越来越重要的角色,目前 Wi-Fi 为网络的重要接入方式。企业对无线网络安全要求较高,尤其是医疗和金融等关键基础设备对无线安全的要求更高。

无线网络安全评估能够尽可能发现漏洞并降低安全相关风险。无线网络安全评估从

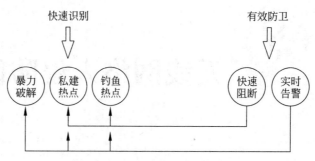

图 3-1　无线防护行为

安全性的角度评估企业现有网络基础设施和环境,以识别可能影响或威胁企业网络、任务和用户的安全性问题,提供安全加固方案,帮助确保网络和数据的可用性、机密性及完整性。

通过对无线网络定期巡检或针对重点项目的优化服务,可获得企业无线网络的性能参数、设备运行与网络安全情况等信息,然后针对存在的风险或无法达到规定的指标项进行全面优化分析和评估。通过分析和评估可对无线网络的运行情况进行细致深入的了解,同时根据评估结果可提供加固目标的方案,并依据方案实施改造,从而达到提高无线网络的可用性、安全性、稳定性和实现网络性能最优化的目的。

管理员可以通过无线网络安全情况评估随时了解企业无线网络的安全情况,如是否遭受攻击、企业范围内是否存在恶意热点等,并以直观的方式展示。当网络内出现异常情况时,管理员应该可以及时收到相关的告警和提示处理信息。

典型的无线安全防御系统可以对企业的无线网络安全情况进行评估,主要包括以下几个方面。

(1)无线热点的安全性设置。针对已经添加在白名单中的热点,热点的加密等级、鉴权方式、快速连接、是否为隐藏热点等,都会影响无线网络的安全评分。

(2)覆盖范围内热点情况。在无线安全防御系统的覆盖范围内出现恶意热点或者未知热点,也会影响无线网络的安全评分。

(3)无线攻击情况。当受到诸如泛洪攻击或暴力破解密码等攻击时,也会影响无线网络的安全评分。

3.1.2　热点控制管理

随着越来越多的企业部署无线网络,网络管理环境比以往更加复杂,企业的网络管理难度进一步加大。有线网络和无线网络无法统一管理、企业内不断出现的非法热点、移动应用的无法管理、机密信息泄露的风险等都在不断挑战企业网络管理工作。同时,随着无线移动互联网的快速发展,智能手机、平板电脑等这些移动终端愈来愈流行,但由于 iPad 等智能终端只能采用无线网络来上网,有些员工出于便捷考虑可能自己在工位旁私接无线 AP,在公司通过无线 AP 连接到公司内网,但这些 AP 由于安全措施薄弱,极容易被外人破解,可能导致内网暴露,信息安全遭受威胁。

热点是无线网络的主要组成部分,由于无线网络的穿透性和覆盖范围较广,对于单位范围内出现的热点,要能够及时发现,并进行定位。

对非法 Wi-Fi 热点要及时发现和控制。及时发现与管控非法 Wi-Fi 共享设备,可避免非法 Wi-Fi 共享设备成为攻击者入侵企业内网的跳板,成为内网的安全隐患。

3.1.3　非法热点阻断

Wi-Fi 热点是无线网络中转发数据的重要设备,一旦热点被劫持或其本身就是作为攻击手段被建立的,那么该热点即为非法热点。企业网络中检测和阻断非法热点非常重要。在企业中,攻击者通过构造非法 AP 截取重要数据,如果员工连接非法 AP,攻击者就可以控制员工要登录的网页,比如攻击者伪造的钓鱼网站,此外,攻击者还可以强制员工访问钓鱼网站。通过这个方法,攻击者可以骗取用户的个人隐私信息,甚至企业的商业机密信息。

为解决上述问题,网络安全管理人员需要及时扫描无线环境,甄别非法接入热点及钓鱼热点,针对鉴定结果采取监控或阻断手段。

因此,对于无线安全防御系统而言,有效的通信阻断方式作为抑制攻击的有效方式不可或缺。对于在单位范围内发现的热点,需要能够通过设置黑白名单、行为甄别等手段,来区分哪些是正常热点,哪些是非法热点,对非法热点进行精确阻断,且不能影响正常热点的使用。可以说,热点阻断水平是衡量无线安全防御系统能力的关键指标。

3.1.4　攻击行为检测

近年来,攻击者通过企业无线网络发起的企业内网渗透事件频发,许多知名企业因Wi-Fi 相关安全问题导致内网被入侵的事件,对企业造成巨大损失。

如今,无线网络已经成为企业移动化办公的重要基础设施,但这些无线网络普遍缺乏有效的管理,无线网络也越来越多地成为黑客入侵企业内网的突破口。

除因员工私自搭建的 Wi-Fi 网络引起的漏洞,许多企业使用的 AP 设备本身就存在可利用的漏洞,或者因网络管理员不当的配置导致企业网络存在潜在漏洞,例如,CSRF漏洞和 AP 设备后门等设备漏洞。

对于自身已经建成无线网络的单位,针对无线网络的攻击行为的检测和防御,占有非常重要的地位。保证无线网络安全的关键任务是持续关注企业当前无线网络的安全状况,要能够持续捕获当前无线环境中的数据流量,并对数据流量进行安全性分析,针对无线网络攻击和钓鱼攻击等恶意行为进行分析识别。一旦发现恶意行为立即采取相应措施,进行告警或者压制,达到实时监测的目的。

3.2　无线网络防护

典型的无线安全防御系统包括中控服务器、无线收发引擎两部分。无线收发引擎需要部署在企业各个区域,用来监测和管理企业内部的无线热点等信息。无线安全防御系统示意图如图 3-2 所示。

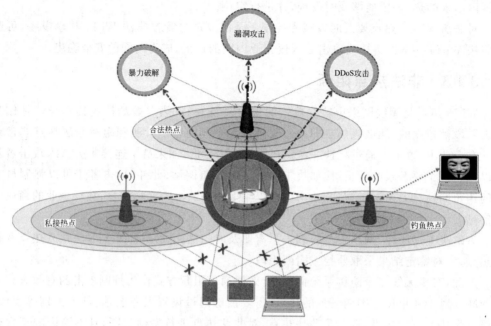

图 3-2 无线安全防御系统示意图

3.2.1 无线信息监测

无线信息监测模块是对无线信息进行收集、评估、实时监测并反馈给用户,同时帮助用户管理企业员工使用的热点、接入企业网络终端的一个模块,主要包含无线安全评估、热点管理、终端管理以及攻击事件告警这几个功能。

1. 无线安全评估

无线安全评估模块一般包含无线安全概况、活动热点概况、攻击事件以及热点和终端分布走势,可以让企业用户对当前无线网络状况有一个直观清晰的认识。

无线安全概况展现了该区域的无线安全状况,让企业用户以清晰的方式分析当前无线网络的安全状况,由两部分组成:无线环境风险,以及无线安全防御系统本身的状态。任何一个部分出现问题,系统都会给用户告警。

(1)无线环境风险。可信热点存在安全隐患,恶意热点未阻断,攻击事件未查看,热点自动阻断开关未开启。

(2)无线安全防御系统状态。服务器状态是否正常运行,以及收发引擎状态是否正常运行。

活跃热点概况可以查看当前活跃的可信热点、恶意热点以及未知热点的数据及比例,方便用户对无线网络内的热点进行判断管理。

2. 热点管理

在企业的开放工位、会议室等人员高密集的区域,通常会有多个无线热点的信号覆盖,大型企业随着业务的快速发展,无线热点部署剧增,面临着复杂的设备管理问题。同时，部分办公人员为了一己之便，私接无线 Wi-Fi 共享设备，让自己的手机、平板电脑也能够访问互联网络。私接无线 Wi-Fi 共享设备，相当于将内部网络公开暴露在外，无线网络的开放性为不法分子利用黑客渗透技术入侵到内网提供便利，一旦被不法分子入侵，后果不堪设想：破坏网络致使网络瘫痪，盗取或删除资料，甚至种植木马长期隐藏等。

针对热点管理的问题，无线安全防御系统可实现以下管理功能。

1) 热点管理

无线数据收发引擎覆盖范围内的热点，都能在管理平台看到。无线安全防御系统提供黑白名单功能，方便对热点进行管理。

如果系统没有定义热点黑白名单，那么无线数据收发引擎探测到的所有热点都视为未知热点，管理者在确定了某热点是可信或恶意热点后，可以修改热点的属性，将其改为可信热点或恶意热点，此操作即将热点添加到热点白名单或黑名单。这样可以最大程度地保证企业内接入的无线热点安全。

2) 热点区分

无线安全防御系统可以查看热点位置，管理者可以粗略查看热点所在区域，如图 3-3 所示。同时，无线安全防御系统还可以对热点进行定位。当有超过 3 个收发引擎同时发现某个热点时，即可定位该热点，并可视化展现热点在该区域平面图上的位置（前提是该区域已有平面图并标记过收发引擎）。通过热点定位可有效地帮助网管快速地分析和掌握设备的实时运行状态和负载情况，搜索快速定位安全事件发生位置，帮助网管更好地管理无线网络。

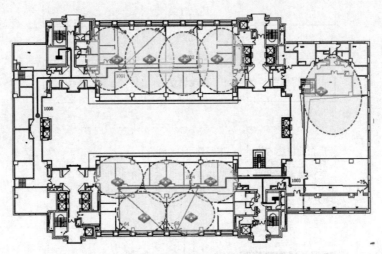

图 3-3　热点区分示意图

3) 可信热点

针对可信热点，无线安全防御系统还可以提供安全加固功能，包括对可信热点的安全性检查和忽略安全性。

（1）安全性检查。定期地检查热点是否安全非常必要，因为已经被标记为可信的热点很有可能被攻击者攻击利用。当传感器探测到白名单热点有安全隐患时，会在告警中提示有白名单热点存在安全隐患；对于具体某个热点，标示安全性"弱"或者安全性"中"，并标注其安全性存在问题的地方。

（2）忽略安全性。若热点本身存在安全隐患，但已确认暂时对内网不会造成威胁，用户可以选择忽略安全隐患告警。

4）恶意热点

针对恶意热点，无线安全防御系统可以做到告警和阻断操作，对存在安全隐患的热点及时采取措施，以保证无线网络安全。

（1）告警。恶意热点上线且未被阻断，则会立即告警。网管阻断热点，则告警消失。

（2）阻断。网管可以对恶意热点发起阻断，阻断中的恶意热点，无法被其他终端连接，防止终端信息泄露风险。

（3）自动阻断。网管若对无线环境要求很高，希望只允许周围环境内存在可信的热点，可以开启热点自动阻断功能。开启后，当无线安全防御系统发现不在白名单内的热点时，会自动发起阻断。

无线安全防御系统通过对热点分类，如图3-4所示，对每一种热点都有不同的操作，针对授权热点通过强管控策略和弱管控策略对热点的使用进行管控；对于企业内私建的恶意热点和不法分子搭建的恶意热点，则采用不同的手段进行强阻断，对恶意热点发送拒绝服务数据包进行协议阻断，让被阻断热点无法正常工作；而未知热点，是企业周边的邻居热点，所以并不能直接阻断，而是阻断企业内员工连接这些热点。

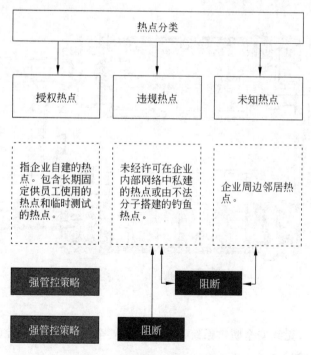

图3-4　热点分类及阻断方法

3. 终端管理

随着智能手机、Pad 等轻薄便携的移动智能终端与人们的生活、工作和学习结合得越来越紧密,随之而来的设备管理也不断挑战传统 IT 运维管理。除了 PC,更多的移动终端需要纳入到 IT 运维管理中,为众多设备建立统一、透明、可批量化的管理方式非常必要。

原本为个人消费者设计的智能手机和平板电脑正在不断被企业用于承载关键业务及核心应用,同时,BYOD 的策略也被大量引入企业,传统的 IT 管理在针对不断涌现的新兴移动设备管理方面受到巨大的挑战。这就要求能够应用企业 IT 策略及规范管理这些设备。对于企业来说,手机等移动设备接入企业网络,会给企业带来极大的安全隐患,甚至造成企业数据的泄露。

无线安全防御系统还提供基于终端 MAC 地址的接入控制,可以控制手机、Pad 等终端接入无线网络。开启此功能时需要确定终端管控目标,如果用户对企业内的终端上网有严格的要求,并能统计所有员工终端的物理地址(MAC 地址),可以开启终端黑白名单功能。

终端管理及阻断方法,如图 3-5 所示。与热点管理相似,对已授权的终端,采取不同的策略进行监控;对连接企业内恶意热点的违规终端,则直接进行阻断;对未知终端,则进行实时监控,若发现产生威胁的行为可以及时进行阻断。

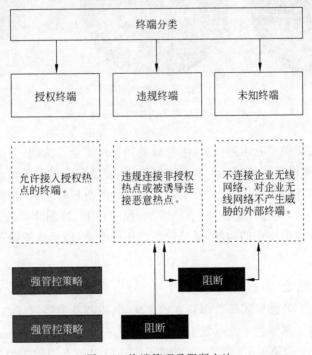

图 3-5　终端管理及阻断方法

4. 攻击事件告警

无线安全防御系统利用分布式部署的无线收发引擎来监测企业内部的热点信息,对捕获到的攻击行为进行告警,并对恶意、违规的热点进行阻断。

无线安全防御系统能识别各种常见的危险攻击,包括:伪造合法热点攻击、泛洪拒绝服务攻击、Wi-Fi 恶意扫描、MAC 地址克隆攻击、恶意热点泛洪攻击、恶意客户端泛洪攻击。在监测到可疑攻击行为后,无线安全防御系统会第一时间进行告警,帮助网管快速响应 Wi-Fi 攻击及威胁事件,从而保护企业的无线网络安全。

3.2.2 设备监测

管理员通过访问无线安全防御系统的 Web 管理平台,能够及时发现是否存在私建热点、伪造热点等违规行为,及时对可疑热点进行阻断和定位,将无线网络安全威胁拒之门外。同时,系统提供热点分布概况分析、客户端连接热点趋势分析以及安全事件汇总等核心数据,帮助企业制定更加有针对性的无线网络防护策略。

典型的无线安全防御系统硬件部分由三部分组成,分别是中控服务器、室内型无线收发引擎和室外型无线收发引擎,如图 3-6 所示。

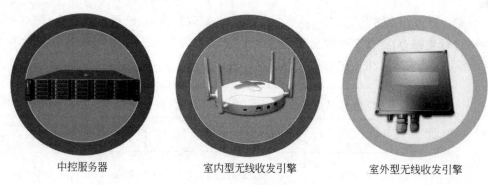

中控服务器　　　　　　室内型无线收发引擎　　　　　室外型无线收发引擎

图 3-6　无线安全防御系统硬件组成

设备状态将直接关系到生产质量、生产效益和生产安全。为此,一是要采用先进的设备维护管理方式,对设备实行"健康"状况连续监测;二是要针对设备转速低、负载重、冲击大、移动频繁、工作环境恶劣等特点,开发具有针对性的监控技术;三是要建立起新的设备维修与维护管理体系,实行状态监测、点检维护、故障诊断、预测维修等系列内容,从根本上解决现有设备管理中存在的问题,延长设备的使用寿命,做到科学管理、合理使用、预知检修和安全运转。

1. 收发引擎状态

收发引擎部署在各楼层需要管理热点的区域,负责收集覆盖区域内的热点信息,并能够阻断和压制热点。典型的无线收发引擎每台覆盖范围为 $300\sim1000\text{m}^2$,覆盖半径 $10\sim30\text{m}$。无线数据收发引擎可以持续捕获当前无线环境中所有的数据流量,并将数据流量实时传输到中控服务器进行安全性分析。

可以说,收发引擎是无线安全防御系统的眼睛,如果收发引擎出现故障,没有及时解决,就会使整个系统失去效用。无线安全防御系统可以对收发引擎状态进行检测,实时监测每个收发引擎的运行状态,并展示给网管,帮助网管管理系统中的硬件设施,以保证系统的正常运行。

2. 中控服务器状态

中控服务器,负责接收收发引擎传递回来的信号,进行分析,并根据管理员设置的各种策略,向收发引擎传达相应指令。

中控服务器内置无线威胁感知引擎,可将接收到的数据与无线攻击特征库进行智能比对,能够针对无线网络数据链路层的无线网络攻击行为进行精准识别。一旦发现恶意行为立即通知收发引擎采取相应措施,将威胁抑制在攻击发生之前,达到实时监测的目的。同时,针对建立钓鱼热点进行钓鱼攻击等恶意行为,无线威胁感知引擎通过热点安全策略关联性分析技术,也能进行有效识别,使潜伏在无线网络中的各种威胁无处可藏。

如果说收发引擎是无线安全防御系统的眼睛,那么中控服务器就是无线安全防御系统的大脑。它控制着整个系统的运行,如果中控服务器发生损坏,那么系统就形同虚设。为了保证系统的有效使用,无线安全防御系统还需要做到对中控服务器的监测。

3. 热点实时监测

无线安全防御系统可以对热点进行实时监测,通过此功能,网管可以实时查看热点的运行状态,同时能够收集热点的多种运行信息,以及时地对热点进行判断,及时发现恶意热点。

常见的无线热点阻断技术包括:射频干扰技术、协议阻断技术。通过热点阻断,可允许企业所在无线网络区域内某些特定的热点可用,而其他无线热点不可用。一般阻断策略分为手动阻断和自动阻断两种模式,可自定义设置。

4. 终端实时监测

当员工使用终端接入企业无线网络时,就可能给企业网络带来潜在的危害,部分员工的上网行为可能会影响无线网络的上网速率,甚至会出现连接到不安全的网站,给企业网络带来威胁,如此就会给企业资产造成非常大的安全隐患。

无线安全防御系统在监测到有终端接入无线网络时,会记录接入终端的相关信息,判断终端黑名单中是否存在此终端的相关信息,当黑名单中没有此终端的信息时,将允许其接入网络。无线安全防御系统对所有接入无线网络的终端进行实时监测,一旦发现终端存在违规的操作,就立即对其动作进行阻断,并把这个终端信息加入黑名单。

3.2.3　无线攻击事件监测

1. 攻击事件告警

对于一个无线安全防御系统来说,监测到无线攻击事件发生或检测到恶意热点存在时,向管理员提供告警信息是十分普遍的做法。但同时也带来一个问题就是,告警信息过多,管理员疲于应付每天系统向他发出的各种告警,这些告警大多是没有经过过滤和分析过的无用告警,有些则是真正需要被管理员注意到且需要处理的问题,但这些真正的问题很可能被淹没在大量的无用告警信息之中。

先进的无线安全防御系统能够对上报的安全事件进行分析和筛选,并在此基础上将事件按照安全策略设定的严重级别进行分类,筛选后告警信息将通过邮件提醒、管理页面提示和告警日志展示等不同方式展现给管理员。这样无用的安全事件告警信息将大大减少,同时管理员在无线安全防御系统管理界面就可以看到他真正关注的无线安全事件。

2. 攻击事件处理

无线安全防御系统的主要工作方式分为监测、识别和阻断三个阶段。监测功能大多由系统自动完成,但传统的无线安全防御系统的识别与阻断功能,尤其是阻断,都是由管理员手工完成的:一旦系统监测到攻击事件发生,就可以向管理员发出告警提示,并由管理员进行处理。但传统解决方案存在以下两个很大的问题。

(1)工作强度大。攻击者喜欢在半夜进行攻击,为了及时处理系统监测的攻击事件,管理员甚至需要 7×24h 值班进行看管。

(2)工作难度高。管理员需要持续地在大量热点与终端中进行手工排查,查看当前无线网络中是否存在非法热点或终端。

先进的无线安全防御系统可以提供热点及终端黑白名单管理功能。首先,管理员根据企业安全策略对企业当前无线网络环境内的热点及终端进行分类,属于企业内部热点和终端的就划分至白名单,安全属性未知的则划分至未知名单中,有可疑行为的热点或终端则划分至黑名单中。同时,系统也将根据安全策略进行自动监测,并将监测到的热点或终端按以上分类方式进行区别对待,在设置自动阻断前提下,系统可自动阻断和隔离黑名单中的热点及终端,这样可以大大提高管理员排查和阻断的工作效率。

3. 无线攻击指纹库

指纹是对已知的攻击行为的描述,指纹必须能准确描述某一种攻击行为的特点。对于每种网络攻击,都应该对其对应的恶意数据包进行分析,提取攻击特征。一个特征应该是一个数据包或数据包序列的独有特性。理想情况下,通过特征能够发现恶意的攻击行为,同时不会对正常的网络流量造成影响。

一般来说,攻击检测行为是对无线网络数据包进行数据包嗅探,并对数据包进行协议分析,去匹配无线攻击指纹库,当匹配成功时,系统发出警告,并做出处理,否则对下一个数据包进行嗅探检测。

因此无线攻击指纹库中的特征是否全面、精准、有效,决定着分析检测的效果。由于网络技术发展迅速,每天都在产生新的病毒和攻击形式,所以必须定期更新特征库,才能够更好地保证攻击行为检测的精确性。

3.3 无线数据处理引擎

3.3.1 无线威胁感知引擎

随着网络威胁形式的多样化和复杂化的挑战,新一代威胁不仅传播速度更快,其利用的攻击面也越来越宽广。如今,仅仅在威胁事件发生后再进行处理已经不能满足客户的需要了。事先感知风险,从而规避可能出现的安全威胁已经成为趋势。这种威胁感知在当今互联网大环境下是必不可少的,没有任何一个人,任何一个企业愿意等到自己的网络安全出现危机了再去补救,都希望在危机出现前预知并尽早铲除危机。

首先,无线安全防御系统具有无线威胁感知引擎,能够通过采集无线设备的运行信息、监控设备的运行状态,保证企业的安全设施能够为用户提供持续的防护,并通过设置设备告警规则发现处于异常状态的安全设备,及时向用户发起告警。

其次,无线威胁感知引擎能够帮助用户建立网络安全预警、分析和响应体系,以提升威胁的感知能力。

最后,无线威胁感知引擎还能基于全流量分析,对用户网络流量中的海量网络数据进行分析、采集和存储,以帮助用户进行行为分析、攻击定位和回溯,同时结合多维度安全事件对无线网络进行评估,帮助用户了解无线网络的健康状态和潜在风险,以便及时调整。

3.3.2　数据持久化

数据持久化是将内存中的数据模型转换为存储模型,以及将存储模型转换为内存中的数据模型的统称。数据模型可以是任何数据结构或对象模型,存储模型可以是关系模型、XML、二进制流等。

数据持久化就是指将那些内存中的瞬时数据保存到存储设备中,保证即使在设备关机的情况下,这些数据仍然不会丢失。保存在内存中的数据是处于瞬时状态的,而保存在存储设备中的数据是处于持久状态的,持久化技术则是提供了一种机制可以让数据在瞬时状态和持久状态之间进行转换。

持久化技术封装了数据访问细节,为大部分业务逻辑提供面向对象的 API。通过持久化技术可以减少访问数据库数据次数,增加应用程序执行速度。

无线安全防御系统将数据持久化到本地,可以减少对网络请求的次数,既节省了用户的流量,也增强了设备的体验效果。

3.4　无线数据收发引擎

3.4.1　无线数据解析

对于企业安全人员来说,解析无线数据可以及时发现和研究可疑的无线 Hacking 行为、可疑的网络攻击及入侵行为,并针对这些行为做出及时有效的响应。

对于已经破解无线网络密钥,并成功连入该网络的恶意无线攻击者而言,将会采取诸如扫描、溢出、破解等多种方式进行深一步的攻击及试探。这些攻击都存在一定的特征及表现方式,可以被有经验的安全人员鉴别。

例如,由于无线网络的特殊性,在线暴力破解被攻击者广泛使用,尤其是针对内网的服务器。通过结合一定数量的字典,来对服务器的账户密码进行在线的暴力破解。通过对 FTP 的过滤,可以看到出现了大量的 FTP 登录请求,并且在这些账户和密码的请求数据后面,即紧随着 USER 和 PASS 数据包后面会出现"331"这样的响应数据。这就是典型的 FTP 在线暴力破解的数据包,说明了当前网络中存在的恶意攻击行为。这就表明攻击者已经渗透进内网,也意味着无线网络可能已被攻破。

无线安全防御系统提供无线数据解析功能,通过此功能,企业安全人员可以及时发现无线网络中存在的安全问题,并基于分析结果做出相应的操作。无线数据解析流程如图 3-7 所示。

无线安全防御系统对无线网络做探测扫描,然后对无线网络中的数据与攻击特征库中的数据进行关联分析对比,若发现此行为是攻击行为,则对这个行为做告警或阻断操作。

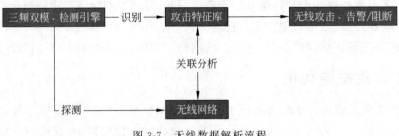

图 3-7　无线数据解析流程

3.4.2　阻断与隔离元

阻断是无线网络安全中非常重要的一部分,一个优秀的阻断操作应当在保证不影响正常热点使用的情况下,准确有效地阻断恶意热点。

常见的无线热点阻断技术包括:射频干扰技术、协议阻断技术。传统的射频干扰技术可能会对整个无线空间造成严重射频干扰,导致合法 AP 无法正常开展业务;而无线链路层协议阻断机制的优势在于以更短的时间、更低的发射功率,达到精确且持续的阻断效果。无线阻断过程如图 3-8 所示。

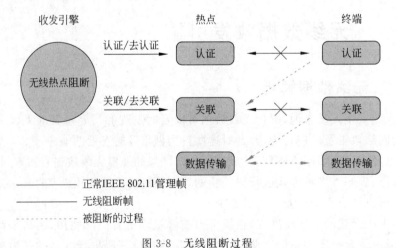

图 3-8　无线阻断过程

无线安全防御系统会通过收发引擎向恶意热点发送无线阻断帧,通过无线阻断帧阻断终端与恶意热点之间的认证、关联以及数据传输过程。

无线链路层阻断机制,其优势在于采用更智能的方式,以更小的代价、更少的发射时间和更小的发射功率,来达到精确阻断的目的。

由于采用了与干扰器不同的工作原理,精确阻断设备可以用更低的发射功率来抑制无线设备的发射,从而达到与干扰器相同的工作效果。例如,阻断同等面积区域内的无线设备,精确阻断设备的发射功率只需干扰器的一半或更低,某些情况下,甚至只有干扰器发射功率的十分之一。

另外,即使采用了如此低的发射功率,精确阻断设备也不总是处于发射状态。当其所工作的区域内并没有出现需要阻断的对象时,设备仅处于监听状态,对外完全不发射任何射频信号。而当需要被阻断的对象一旦出现,阻断设备及时开始有针对性的阻断动作,由于抑制了被阻断对象的发射功能,因此整个工作区域内的信号场强不会有明显上升,甚至信号的总体场强会低于无线设备满负荷工作时的状态。

此外,精确阻断设备允许所工作的区域内某些特定的无线设备可以使用,而其他无线设备被阻断,该策略可以由用户自由定义,这种智能的阻断方式,更是传统的射频干扰器所望尘莫及的。

3.5　无线安全防御系统应用

3.5.1　系统部署架构

典型的无线安全防御系统包括中控服务器和收发引擎,需要确保两者网络可联通。收发引擎必须以有线的方式接入交换机。部署架构示意图如图 3-9 所示。

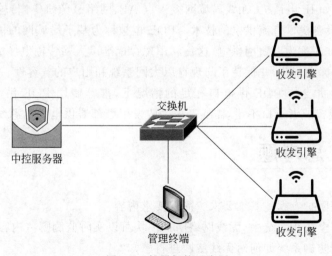

图 3-9　部署架构示意图

中控服务器放置在机房,通过网络与收发引擎可达。用户可以通过浏览器访问管理界面,管控无线环境。

中控服务器部署的目标是给中控服务器配置 IP,并将其部署到对应的网络中。要注意,在初始规划时,中控服务器所在的网络需要和收发引擎最终所在的网络互相访问。实施人员可通过手动修改网络配置文件,或者通过中控服务器自带的配置脚本来完成 IP 的配置。最终需要记下中控 IP,以提供给收发引擎的部署。

Web 管理平台部署在中控服务器上,为 B/S 架构,凡是与中控服务器连通的终端,都可以通过浏览器访问。

收发引擎需要根据企业实地情况,进行安装部署。

3.5.2　收发引擎部署

收发引擎部署核心需求是收发引擎与中控网络可达,并在中控服务器注册该收发引擎。

无线安全防御系统的引擎,可覆盖范围为 $300\sim1000\,\mathrm{m}^2$(半径约 $10\sim30\mathrm{m}$)。具体情况与收发引擎周边的建筑结构相关,例如,是否有墙、是否有承重墙、是否有干扰无线信号的设施或者建筑物等。为了覆盖全企业,需要进行工勘后,才能最终确定需要的收发引擎数量。

收发引擎的安装位置,以能够无死角全覆盖为基准原则,兼顾美观和实施方便。

3.5.3　网络部署

为了确保无线安全防御系统的稳定运行和自身安全,收发引擎必须以有线的方式连接到交换机。在收发引擎位置选定后,需要进行施工布线。

收发引擎可以使用 POE(Power Over Ethernet)和普通电源供电两种方式。

POE 指的是在现有的以太网 Cat.5 布线基础架构不做任何改动的情况下,在为一些基于 IP 的终端(如 IP 电话机、无线局域网接入点 AP、网络摄像机等)传输数据信号的同时,还能为此类设备提供直流供电的技术。POE 也被称为基于局域网的供电系统或有源以太网,有时也被简称为以太网供电,这是利用现存标准以太网传输电缆的同时传送数据和电功率的最新标准规范,并保持了与现存以太网系统和用户的兼容性。

在企业交换机支持 POE 供电口充足的情况下,推荐使用 POE 供电,如没有支持 POE 供电的交换机或者接口不足,需要考虑为收发引擎部署供电的电源线。

 思考题

1. 无线网络防护有哪些基本要求?简述要求内容。
2. 在无线安全防御系统中,无线网络防护模块可以实时监测哪些内容?
3. 无线安全防御系统如何对无线威胁进行感知?
4. 无线安全防御系统如何对无线传输数据进行处理解析并进行阻断操作?
5. 简述无线安全防御系统的系统架构。

第4章

移动终端设备及内容安全管理

随着移动智能终端的飞速发展,越来越多的员工倾向携带自己的设备办公,这是IT消费化的一个结果。这一模式的原动力来自员工而非企业,员工对于新科技的喜好反过来驱动企业变更和适应新技术的变化。在这种情况下,许多企业开始考虑允许员工自带智能设备使用企业内部应用。

然而这些新技术在设计和开发初期并没有考虑企业的应用环境和要求,因此很多IT支持部门非常担心由此带来的安全和支持风险。企业的目标是在满足员工自身对于新科技和个性化需求的同时提高员工的工作效率,降低企业在移动终端上的成本和投入。

自己携带设备办公(Bring Your Own Device,BYOD)包括个人计算机、手机、平板电脑等,在机场、酒店、咖啡厅等场所登录公司邮箱、在线办公系统,不受时间、地点、设备、人员、网络环境的限制,BYOD向人们展现了一个美好的未来办公场景。

移动信息化趋势为政府和企业带来了机遇,同时也为企业信息安全和管理带来了新的挑战。

(1)打破了传统企业网络边界。

企业员工的移动设备可以在任何时间、任何地点接入运营商3G/4G网络或公共/家庭Wi-Fi网络,移动信息化打破了原有的企业网络边界,正是这种边界的模糊性使移动终端成为企业信息安全体系的薄弱环节,移动终端中的企业数据也会因此暴露在来自互联网的攻击之下,因此急需新的方法保护企业数据安全。

(2)移动设备具有易失性,从而具有泄露企业数据的隐患。

移动设备由于其便携性极易丢失,每年有7000万部手机丢失,其中60%的手机包含敏感信息,而移动设备中所保存的企业敏感数据也因此面临泄密风险。2013年发布的关于企业中移动终端办公的趋势调查报告显示,50%的受访企业表示曾经丢失过存储企业重要数据的设备,其中23%的企业遭遇了数据安全事故。设备丢失不但意味着敏感商业信息的泄露,所丢失的设备也可能会变成黑客攻击企业网络的跳板。

(3)员工主动泄密,给企业带来数据泄露的损失。

根据调查,尽管85%的企业采取了保密措施,但仍有23%的企业发生过泄密事件,员工的主要泄密途径除了拍照泄露、存储在手机中进而外泄外,还有离职员工复制企业重要信息,出卖资料。员工的这些行为,导致企业重要信息无意或有意泄露,不仅为企业带来财产损失,影响企业的业务运营,还带来了商誉受损等问题。

(4)移动操作系统的碎片化问题严重,统一管理不便。

据统计数据,仅 Android 设备就有 2 万多款不同型号,员工自带的设备多种多样,如何保证策略执行的一致性、如何在一个统一的平台上管理各种设备是企业面临的另一个挑战。

(5)应用质量参差不齐,应用市场安全性堪忧。

根据数据统计,仅 2012 年全年以及 2013 年 1—2 月,伪造、篡改的应用就感染了近 2亿人,78%的知名应用被盗版,如何保证员工使用的应用没有安全问题,如何保证企业的内部应用不被伪造、篡改、植入代码,为企业带来了挑战。同时,根据数据分析,第三方应用市场及论坛仍然是恶意程序传播的主要途径(占 61%),最不安全的某小型应用市场的恶意程序占比竟高达 20.2%,应用市场的安全性堪忧。

(6)随着手机病毒数量和类型的高速增长,移动设备成为渗透企业网络的跳板。

随着移动互联网越来越普遍,攻击者们已经开始将视线由 PC 转向了移动设备。同时,由于 Root 权限滥用和新的黑客攻击技术,移动设备成为滋生安全风险的新温床,容易成为黑客入侵渗透企业内网的跳板。

(7)公私数据混用,个人隐私难以得到保障。

同一移动终端设备上既有个人应用,又有企业数据和应用,个人应用可以随意访问、存取企业数据,企业应用同样也会触及个人数据。如何明确区分并隔离移动终端上的企业/私人数据与应用,禁止企业数据被个人应用非法上传、共享和外泄,同时禁止企业应用访问个人数据,尊重移动终端上的私人数据是一个难以避免的问题。

为了解决以上移动办公问题,企业需要一套面向企业的移动安全解决方案,以有效地监测和管理移动终端的使用情况,保障终端数据的安全,提高自带设备用户的使用体验和工作效率。

4.1 移动终端安全管理技术

移动终端安全管理系统致力于解决企业在向移动办公拓展过程中面临的安全、管理以及部署等各种挑战,帮助企业在享受移动办公带来成本下降、效率提升的同时加强对移动设备的管理控制以及安全防范。

通过移动终端管理系统解决了企业移动办公过程中的安全问题,使得企业更安全地推行移动信息化,企业不用再担心移动终端受到木马病毒的威胁从而泄露企业数据的问题、移动终端丢失或者被窃而导致的企业数据泄露问题、移动终端成为入侵企业网络的渠道问题,以及员工恶意泄密问题。

4.1.1 杀毒技术

手机病毒是编制者在手机应用程序中插入的破坏手机功能或者数据的代码,不仅能影响手机的正常使用,并且能够自我复制一组指令或者程序代码。

手机操作系统中所有的应用程序都需要在内存中运行,手机病毒只要能够进入内存获取系统的最高控制权限,就可以感染内存中运行的程序,从而对手机进行控制。

1. 手机病毒基本知识

手机病毒程序一般包含三个模块和一个标志,即引导模块、感染模块、破坏表现模块和感染标志,如图 4-1 所示。

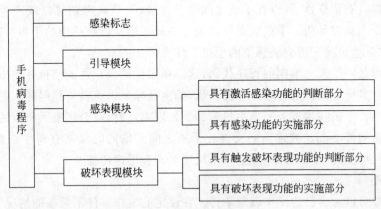

图 4-1　手机病毒程序模块

1) 引导模块

手机病毒在感染手机之前会对手机进行探测,通过识别感染标志判断手机系统是否被感染。如果手机没有被感染,手机病毒程序就会将病毒主体设法引导安装到手机系统中,为接下来的感染模块和破坏表现模块的引入、运行和实施做好准备。不同类型的手机病毒程序,使用的隐蔽侵入方式和安装方法也会不同。

2) 感染模块

手机病毒的感染模块主要由两部分构成,一个是具有激活感染功能的判断部分,另一个是具有感染功能的实施部分。具有激活感染功能的判断部分通过识别感染标志,判断手机系统是否被感染。当前手机系统未被感染时,感染模块具有感染功能的实施部分会设法将病毒侵入内存,然后获得运行控制权并对手机系统进行监视:当发现被传染的目标并且判断该目标满足感染条件时,会及时将手机病毒程序存入系统的特定位置。

3) 破坏表现模块

手机病毒的破坏表现模块主要是对手机系统实施破坏,包含具有触发破坏表现功能的判断部分和具有破坏表现功能的实施部分。

具有触发破坏表现功能的判断部分,主要判断病毒是否满足触发条件且适合破坏表现。当病毒满足触发条件且适合破坏表现时,具有破坏表现功能的实施部分便开始发作实施破坏操作。各种病毒有不同的操作方法,如果未满足触发条件或破坏条件,则继续带毒潜伏在手机系统中,等待时机进行运行或破坏。

2. 手机病毒的特点

1) 寄生性

手机病毒并不是作为一个应用程序单独存在的,而是作为一组指令或一段代码寄存在其应用程序中。当寄存的应用程序开始运行时,手机病毒也会被执行,从而对手机造成破坏;应用程序没有执行时,人们很难发现手机病毒。

2) 传染性

手机病毒具有传染性,可以在手机之间相互传播,一旦病毒被复制或产生变种,其传播速度之快令人难以预防。手机病毒可以通过各种渠道从已被感染的手机扩散到未被感染的手机,在某些情况下造成被感染的手机工作失常。

手机病毒是一段人为编制的程序代码,这段程序代码一旦进入手机并得以执行,就会搜寻其他符合其传染条件的程序或存储介质,确定目标后再将自身代码插入其中,达到自我传播的目的。手机病毒进入一部手机后如果处理不及时,就会感染手机中的文件,使这些文件成为新的传染源。被感染的文件在手机之间传输的时候就会将手机病毒传播出去,从而将接收文件的手机感染。这样,手机病毒就会迅速传播开来。

3) 潜伏性

手机病毒可以为自己的发作设定条件。在设定的发作条件不具备的情况下它没有任何破坏性,人们也很难发现它。等到条件具备的时候一下子就爆炸开来,对系统进行破坏。

手机病毒经过特殊的处理后进入系统不会立即发作,而会在合法的文件中潜伏很久,如几天、几周、几个月甚至几年。它在潜伏期会不断地感染其他的文件和手机,潜伏性越好,其在系统中的存在时间就越长,病毒的传染范围就会越大。

潜伏性可以从两个方面去理解,第一个方面是指不使用专用的检测程序则检查不出手机病毒。这样,手机病毒就会一直潜伏在用户的手机中。第二个方面是指手机病毒中存在着一种触发机制。在不满足触发机制的条件下,手机病毒只会传染,不会对手机进行破坏。一旦满足都不会发作,手机病毒就开始对手机进行攻击,导致手机系统出现异常甚至崩溃。

4) 隐蔽性

手机病毒为了不被发现通常会将自己隐藏起来,有的可以被杀毒软件检查出来,有的可以躲避当前主流杀毒软件的查杀。这些手机病毒时隐时现、变化无常,往往令手机用户防不胜防。

5) 破坏性

手机病毒最重要的特征就是对手机具有破坏性,手机受到病毒的感染后会对手机进行破坏操作,从而导致正常的程序无法运行,删除手机内的文件或使其受到不同程度的损坏。

6) 可触发性

手机病毒的可触发性是指病毒因某个事件或数值的出现,而实施感染或进行攻击的特性。为了隐蔽自己,病毒不会去做不必要的动作。如果手机病毒一直潜伏,则不能感染也不能进行破坏,这样便失去了破坏性。因此为了达到目的,病毒既要隐蔽又要具有破坏性,就必须具有可触发性。病毒的触发机制就是用来控制感染和破坏动作的频率的,病毒具有预定的触发条件,可能是时间、日期、文件类型或某些特定数据等。病毒运行时,触发机制会检查预定条件是否满足。如果满足,手机病毒会启动感染或破坏动作进行感染或攻击;如果不满足,手机病毒将继续潜伏。

3. 手机木马基本知识

手机木马也称手机木马病毒,是指通过特定的程序来控制一台手机。手机木马和手机病毒一样,都是由几部分共同组成的,每个组成部分有着不同的功能。一个完整的手机木马由三部分组成,即硬件部分、软件部分和具体连接部分。这三部分在功能上相互结合,实现对目标手机的破坏。手机木马病毒组成如图 4-2 所示。

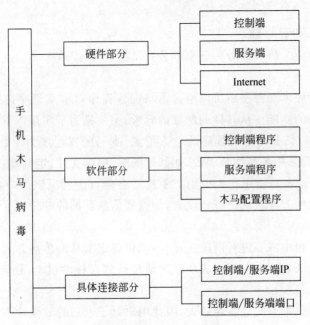

图 4-2　手机木马病毒组成

1) 硬件部分

硬件部分是指建立木马连接必需的硬件实体,包括控制端、服务端和 Internet 三部分。

(1) 控制端。对服务端进行远程控制的一端。

(2) 服务端。被控制端远程控制的一端。

(3) Internet。是数据传输的网络载体,控制端通过 Internet 远程控制服务端。

2) 软件部分

软件部分是指实现远程控制所必需的软件程序,主要包括控制端程序、服务端程序、木马配置程序三部分。

(1) 控制端程序。控制端用于远程控制服务端的程序。

（2）服务端程序。又称为木马程序。它潜藏在服务端内部，向指定地点发送数据，如网络密码、即时通信软件密码和用户上网密码等。

（3）木马配置程序。用户设置木马程序的端口号、触发条件、木马名称等属性，使服务端程序在目标中潜藏得更加隐蔽。

3）具体连接部分

（1）具体连接部分。通过 Internet 在服务端和控制端之间建立一条木马通道所必需的元素，包括控制端/服务端 IP 和控制端/服务端端口两部分。

（2）控制端/服务端 IP。木马控制端和服务端的网络地址，是木马传输数据的目的地。

（3）控制端/服务端端口。木马控制端和服务端的数据入口，通过这个入口，数据可以直达控制端程序或服务端程序。

4. 手机木马攻击原理

木马攻击的过程大体可以分为三个部分：配置木马、传播木马、运行木马。

1）配置木马

攻击者在设计好木马程序后可以通过木马配置程序对木马程序进行配置，并根据不同的需要配置不同的功能。从具体的配置内容看，主要是为了实现以下两方面功能。

（1）木马伪装。伪装是木马程序的一大特点，木马配置程序为了在服务端尽可能好地隐藏木马程序，会采用多种伪装手段，如修改图标、捆绑文件、定制端口、自我销毁等。

（2）信息反馈。木马程序在入侵用户手机后会向攻击者反馈用户的信息，木马配置程序就将信息反馈的方式或地址进行设置，如设置信息反馈的邮件地址、QQ 号等。

2）传播木马

木马在传播过程中需要进行两项工作，一项是确定木马的传播方式，另一项是确定木马的伪装方式。即既要让木马能够成功顺利地传播到目标手机上，还要能够将自己隐藏起来。

由于木马给用户带来的危害性较大，因此用户对于木马的警惕性不断地增加，这给木马的传播带来了一定的阻力，使得木马的传播受到抑制。木马程序为了不易让人察觉，降低用户的警惕性，达到更好的入侵效果，正在不断地更新自己的伪装方式。常见的木马伪装方式有以下几种。

（1）修改图标。

攻击者可以在木马服务器端对木马程序的图标做出修改，比如将图标改成 HTML、TXT、ZIP 等各种文件的图标。然后将修改后的木马程序以附件的形式发送到用户的邮箱中，当用户在手机上打开邮箱时，看到邮件中有一个 TXT 格式的附件，很有可能就下载下来直接在手机上打开了，这时用户就已经被木马入侵了。修改图标的方式具有很大的迷惑性，但是这种伪装也不是无懈可击的，所以用户只要掌握一些必要的技巧完全可以识破这一类伪装。

（2）捆绑文件。

捆绑文件是指将木马捆绑到一个正常的安装程序上，当安装程序运行时，木马在用户毫无察觉的情况下偷偷地进入系统。这些用来捆绑木马的文件一般都是可执行文件,如exe 文件、com 文件等。

（3）出错显示。

有一些木马程序在被用户单击打开的时候没有任何反应,这样的情况很容易让用户联想到这是一个木马程序,因此用户会通过一些手段将这个程序清除。攻击者在设计木马程序的时候为了避免这种情况的发生,会在用户单击打开程序的时候弹出一些对话框给用户一些提示信息,如"文件已破坏,无法打开""当前没有能够打开此类文件的应用程序"等。这些信息都是攻击者自己定义的,为了让用户以为这确实是一个出了问题的正常文件,从而怀疑是不是因为网速问题没有下载完整,而很少去怀疑这是不是一个木马程序。就在用户还在考虑文件打开失败的原因时,木马已经成功地入侵用户的手机。

（4）自我销毁。

木马的自我销毁功能就是为了不让用户发现原木马文件,因为用户在找到原木马文件后可以根据原木马文件在自己的手机中找到正在运行的木马文件,这样木马就很容易暴露。而自我销毁功能可以在木马程序成功安装后自动将原木马程序销毁,这样服务端用户就很难找到木马的来源,在没有查杀木马工具的帮助下,很难删除木马。

（5）木马更名。

木马更名的原因在于原来的木马名称一般都是固定的,在安装的系统中依然保持原来的名称。这样用户就可以根据一些查杀木马的信息,在系统文件夹查找特定的文件,并判断这是什么类型的木马。现在攻击者在设计木马时大都允许控制端用户自由定义安装后的木马文件名,这样用户就很难判断所感染的木马类型。

3）运行木马

服务端用户运行木马或捆绑木马程序后,木马会自动进行安装,安装后就可以启动。

5. 手机病毒与木马的危害

1）窃取手机及 SIM 卡信息

用户手机感染手机病毒或者木马后,会将自身的手机串号或 SIM 卡中存储的用户信息发送给攻击者。攻击者就会利用这些信息对用户手机进行进一步的攻击,或者利用SIM 卡中联系人的手机号通过发送带有病毒链接短信的方式将病毒传播出去。

2）窃取个人信息

人们的生活已经离不开手机,手机里面存储着许许多多的信息,如个人通讯录、个人信息、日程安排、各种网络账号等。这些信息对一些不法的攻击者来说具有很大的价值,他们会利用各种方式来窃取用户手机中的数据信息。

3）窃取照片或文件资料

手机中除了存有个人信息外,还存有日常生活中拍摄的照片和工作中重要的文件。攻击者入侵到手机中就可以获取到这些数据,给被入侵者的工作和生活带来困扰。

4）窃取用户通话及短信内容

一些手机病毒专门用来窃听通话、窃取短信、监听手机环境音和定位地理位置等。这样攻击者就可以监视手机用户的一举一动,从而掌握用户的隐私和日常行踪。

5）收发恶意信息

攻击者可以通过手机病毒或者木马来控制用户的手机,使用户手机变成其实施下一步攻击的跳板。攻击者可以利用感染病毒或木马的手机收发垃圾短信,被病毒感染的手机可能在用户不知情的情况下发送垃圾信息。虽然一些垃圾短信并不带有危害性,但是却耗费了发送信息人的资费,并且浪费了收信人的宝贵时间。更重要的是如果垃圾短信中包含病毒就会导致收件人也被感染,这样手机病毒和木马就会一层一层地传播出去。

有些手机病毒或者木马在感染用户手机后并没有发起破坏攻击,而是会将用户的手机号码或信息上传到一个恶意服务器上,这个服务器会给用户发送一些攻击者精心设计的恶意信息。用户一旦访问了信息中涉及的恶意网站或下载运行了其中的文件,后果将不堪设想。

6）交易资料外泄

手机支付已经成为一种比较快捷高效的支付方式,手机用户可以通过扫描二维码、支付宝转账等方式进行交易。使用手机进行交易后,用户的支付信息会保存在手机中,包括支付账号和密码。当手机感染了手机病毒或木马时,这些信息很有可能就会被攻击者盗取,给用户带来巨大的经济损失。

7）破坏手机软硬件

手机中毒后会出现手机死机、频繁开关机等现象。这都是因为手机病毒或木马对手机的软硬件实施了破坏。

（1）手机死机。攻击者可以通过手机操作系统平台存在的漏洞攻击用户手机,导致用户手机死机。

（2）手机自动关机。手机频繁地开关机不仅会影响用户的正常使用,还会缩短手机的使用寿命。

（3）导致手机安全软件无法使用。手机病毒可能伪装成防毒厂商的更新包,诱骗用户下载安装后使手机安全软件无法正常使用。

8）格式化手机内存

一些手机病毒或木马会针对手机内存进行破坏,如将用户手机的内存格式化。用户手机被格式化后,之前存储的数据将全部丢失。如果用户没有对这些数据进行备份,就会给用户带来很大麻烦。

9）攻击者取得手机系统权限

攻击者在入侵用户手机系统后,可以取得手机系统部分甚至全部权限。用户拥有的权限越高,对用户手机的控制能力就越强。

6. 移动终端杀毒技术

移动终端管理需要集成专业的防病毒引擎,不断丰富和更新的恶意样本库,查杀无死角,新病毒秒级查杀修复,以保障设备免受病毒侵扰,避免移动终端被攻击者利用成为渗透企业内网的跳板。

管理员可在管理中心定期对设备进行批量扫描或更新病毒库,保证设备的运行安全。对有病毒的设备,管理中心会进行预警,并记录日志。

4.1.2　沙箱技术

移动设备已经变得和 PC 类似,但是底层的操作系统相似程度相对还少,更多的是应用程序相似。随着在操作系统上的安全控制越来越严格,攻击者更可能开发恶意程序来引诱用户下载/安装恶意软件而不是努力在操作系统上发掘一个漏洞。就核心 OS 而言,为了确保应用程序仅允许访问它们所需要的资源,确保应用程序在展现给用户下载之前确实经过了审查,沙箱是非常重要的机制。

将移动应用程序隔离到沙箱中有很多好处,不仅是为了安全也是为了稳定。移动应用程序可能是由一个很大的组织来开发的,该组织具备适当的 SDL(软件开发生命周期)管理;应用程序也可能是由少数几个人利用业余时间开发完成的。在安装到手机之前对每个不同应用程序进行审查是不可能的,为了保持 OS 的干净和安全,对移动应用程序进行相互隔离比假设程序会正常运行要好得多。除了隔离之外,限制应用程序调用核心OS 也是很重要的。通常来说,应用程序应该仅能在可控和需要的范围内访问核心 OS,而不是默认情况下的访问整个 OS。应用程序沙箱的主要目的是确保一个应用程序受到保护,免遭其他程序的影响,以及保护底层 OS 避免遭到应用程序攻击(为了安全以及稳定两个原因),并且确保恶意程序被与其他好的程序相隔离。

沙箱是一项基于应用层实现的数据安全和防护技术,通过背靠背应用封装流程,对APK 安装文件逆向,修改或注入沙箱服务代码,为应用提供沙箱的多种安全特性。

(1) 数据加密。

(2) 数据隔离。隔离个人区入口,限制应用程序内打开。

(3) 数据清除。违规自动清除,远程清除。

4.1.3　NAC 网络控制

在计算机高速发展过程中,网络内出现越来越多的 0day 攻击,此时迫切需要一种技术可以对非法的计算机做网络隔离,并能在网络中自动定位出有问题的计算机,进一步对这些计算机做安全修复,最早的网络准入控制技术应运而生。

网络准入控制(Network Access Control,NAC)的目的是防止病毒和蠕虫等新兴黑客技术对企业安全造成危害。准入控制能够在用户访问网络之前确保用户的身份是信任关系,只允许合法的、值得信任的终端设备(例如 PC、服务器、PDA)接入网络,而不允许其他设备接入。

1. NAC 发展过程

2003 年,当时全世界最大的网络厂商 Cisco 提出 NAC 技术与自防御网络(SDN)概念,并形成了网络准入控制技术框架。随后,Microsoft、Juniper 等网络大厂也分别发布相应的产品与解决方案。2006 年,网络准入控制市场发展迅猛,当年 NAC 被国内外媒体称为继防火墙之后最大的网络安全市场热点。

思科是网络准入控制技术的提出和重要的技术架构推进者,以 Cisco NAC 网络准入控制技术的演进过程为例,可以了解 NAC 技术的技术发展路线。

（1）Cisco NAC 1.0。解决网络隔离问题。

（2）Cisco NAC 2.0。实现更细粒度的准入控制。

（3）Cisco NAC 3.0。提出硬件的解决方案，主要解决部署困难的问题。

（4）Cisco NAC 4.0。思科又放弃了网关的方案，重点解决集中管理的问题，在第二代技术基础上增加了实名制网络资源访问控制等技术，即 Role-based 802.1x 技术。

经过这么多年的发展，NAC 技术的解决焦点从网络的访问控制演进为对资源的访问控制。NAC 技术发展阶段如表 4-1 所示。

表 4-1　NAC 技术发展阶段

时　间	驱动力	功　能	局　限　性
2003—2004 年	网络蠕虫	基本的设备(PC)检查	技术复杂，缺乏标准
2005—2006 年	来宾访问 无线接入	基本的设备(PC)检验 IEEE 802.1x 身份验证	技术复杂、成本高、混乱的市场格局、标准的竞争导致了混乱的市场
2007—2008 年	设备(PC)认证	有线和无线网络的 IEEE 802.1x 身份认证	技术复杂，多个 IEEE 802.1x 制约
2008—2010 年	来宾访问 无线接入（IEEE 802.11n)	IEEE 802.1x 身份验证 常规的有线/无线策略管理	NAC 在预防/检测高级持续性威胁(APT)时乏力，削弱了实用性
2010—至今	BYOD 移动终端	提供基于策略的情报、执行、弱化风险，并实时监控所有网络设备访问、配置和连接到 IP 网络的任何节点的活动	EVAS 本身不直接实现数据信息的保护，而作为"安全基础设施"为数据安全保护提供支撑基础

2. NAC 关键技术

在标准框架基础上，根据不同的应用场景发展出三类网络准入控制技术，如表 4-2 所示。这三种类型技术都支持有 Agent 和无 Agent 设备的接入认证。无 Agent 的认证，大多数厂商使用 MAC 地址或 IP 地址。

表 4-2　网络准入控制技术分类

准入控制技术	内　容
基于网络设备方式（Infrastructure-based NAC)	包括 IEEE 802.1x、EOU、portal 等技术
基于网关设备方式（Appliance-based NAC)	串联方式、准旁路(PBR)、旁路方式等多种技术
基于纯软件方式（Software-based NAC)	包括 ARP 干扰、DHCP 干扰、fake DNS、NAP、IPSec enforcement、与 Web Server/ISA 联动等

这三类技术各有特点，分别应用于不同的网络接入场景。

除了以上的技术分析，还需明确网络接入最终需要承担安全责任的是人，不是设备，所以采用 Role-based(基于角色)管理方法，与 HR/LDAP 对接，更易落实到人，也便于策略管理、数据分析、事后追查(事件链)。

3. 企业网络准入控制

在企业网中,任何一台安全状态不佳的终端都可能成为整个网络的安全短板,即使是最值得信赖的用户也有可能无意间通过已被感染的终端,或者在业务访问、娱乐访问中不慎引入风险;已感染的终端除了在内网中不断寻找下一个受害者并使其感染外,甚至可能将终端上存储的资料不断外发,落入不法分子之手。

风险除了来自网络应用,用户私自使用 3G、无线、路由器等在组织规定的上网线路之外非法外联线路,将办公用计算机带离办公地点,通过 USB 口随意读取移动存储设备、复制组织机密文件,不受限制地通过网络外发文件等行为,都会埋下数据泄密事件的隐患。

企业网络准入控制系统 NAC 侧重于保护企业内网,通过规范接入内网的端点行为,保障内网数据的安全。NAC 模块负责用户身份认证、终端设备安全认证、动态授权及行为审计功能。

用户身份认证:提供多种认证手段,精准识别用户身份,包括 IP/MAC 认证、Web 认证、第三方认证服务器联动(AD,LADP,Radius,Proxy,POPS 等)、USB-key 认证等。

终端设备安全认证:依据终端安全级别评估结果,将不合格的终端放入隔离区,对隔离区内的设备进行强制加固。

动态授权:管理员可制定基于用户身份、安全级别的策略,包括终端安全级别定义、隔离区定义、隔离区权限定义等,并下发安全策略至终端,由 NAC 组件强制执行。

行为审计:NAC 模块收集 NAC 客户端组件上报的终端信息,并形成安全行为日志,为管理员及时发现并修补安全短板、监控整网运行状况提供事实依据。

企业网络准入控制如图 4-3 所示。设备访问内网时,NAC 服务器会判断设备是否满足安装 NAC 客户端和设备合规两项条件,满足条件则为合法用户,可以成功访问内网,不满足条件则拒绝访问。同时可对不同用户设置不同的网络访问权限,以实现企业内网的访问权限控制需求。

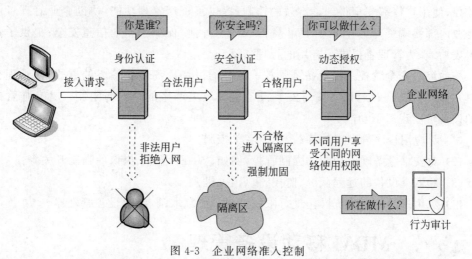

图 4-3　企业网络准入控制

4.1.4 设备强管控技术

随着网络技术的应用与发展,人们对信息网络的应用需求不断提升,对网络的依赖性也越来越强,伴随而来的信息安全威胁也在不断增加。网络安全已经超过对网络可靠性、交换能力和服务质量的需求,成为企业用户最关心的问题,网络安全基础设施也日渐成为企业网建设的重中之重。在企业网中,新的安全威胁不断涌现,病毒日益肆虐,它们对网络的破坏程度和范围持续扩大,经常引起系统崩溃、网络瘫痪。任何一台终端的安全状态都将直接影响到整个网络的安全,这些问题极大地困扰着企业高层管理人员和 IT 部门。

移动终端安全解决方案可以通过设备强管控的方式,对未通过身份认证或不符合安全策略检查的用户终端进行网络隔离,并帮助终端进行安全修复,在系统补丁管理以及软件分发上实现补丁和必须安装软件的协助安装,以防范不安全网络用户终端给安全网络带来的安全威胁。终端安全解决方案具有如下特征。

(1)全面的管理特性。终端安全解决方案提供基于策略的终端安全检查和监控功能,可以对终端的系统配置状况、安装的软件信息、运行的应用程序、端口开发情况、外设使用、上网行为等进行检查、监视和控制,并支持对操作系统补丁、防病毒软件病毒库的更新情况进行检查和自动下载补丁、病毒库进行及时更新。策略分为检查和监控策略,支持实时运行或定时运行。

(2)完善的安全接入控制。终端安全接入控制功能要求企业员工在使用终端访问企业资源前,先要经过身份认证和终端安全检查(即企业定义的安全策略标准)。用户在确认身份合法并通过安全检查后,终端可以访问用户授权的内部资源,认证不通过则被拒绝接入网络。终端安全接入控制主要是防止不安全的终端接入网络和防止非法终端用户访问企业内部网络。

(3)方案应用和客户利益。终端安全解决方案实现了终端安全控制和终端安全的审计监控,使用户终端安全得到了有效的控制;提供了资产管理功能,协助企业管理者实现了企业内部终端资产可控可管,防止资产和信息外泄,保障了企业信息安全;提供了强大的报表功能,为管理者提供了有用的管理信息。

移动终端安全管控系统设备强管控一般是通过和厂商合作签名的方式,使管理客户端具有 SYSTEM 权限,以实现对安卓设备更高级更严格的管控与限制。具有强管控权限的设备可实现以下功能。

(1)对应用程序静默安装卸载、黑白名单控制。

(2)对安卓设备硬件功能的强制管控,例如,Wi-Fi、蓝牙、摄像的强制开关等。

(3)对安卓设备的远程截屏、监控、重启、关机。

(4)对用户的一些系统操作进行限制,例如,静默取消/激活设备管理器。

4.2 MDM 移动设备管理

移动终端管理软件需要支持企业数据和个人数据的安全分隔,在管理制度方面,企业需要与员工明确约定双方的责任和义务。这就要求能够应用企业 IT 策略及规范管理这些设备。移动设备管理（Mobile Device Management，MDM）由此应运而生，主流的移动智能终端操作系统都不同程度地支持移动设备管理。

数据是企业宝贵的资产，安全问题是重中之重，在移动互联网时代，员工个人的设备接入企业网络并查收企业数据已十分普遍。在管理企业移动设备的同时，MDM 还能提供全方位安全体系防护，同时在移动设备、移动 App、移动文档等多方面进行管理和防护。

MDM 是企业 IT 向移动互联网过渡的平台技术，帮助企业将 IT 管理能力从传统的 PC 延伸到移动设备甚至移动应用 App。MDM 可以在移动设备的整个生命周期内提供有效的管理和安全性。要合理地组织 MDM 的关键功能，一种有效的方法是充分考虑移动设备生命周期的各个阶段，包括设备配置、应用置备、安全保护、技术支持、监控报告、设备淘汰等阶段的功能支持。

终端安全管理一般实现下述功能。

（1）实现终端安全管理标准化。对终端的安全访问、非法内联、非法外联、补丁更新、桌面管理、病毒防范等安全策略进行标准化管理。

（2）实现安全事件管理规范化。对安全事件的采集、汇总及处理规范化管理，规范安全事件的响应措施。

（3）实现内网终端安全维护管理流程化。对终端安全实施设备及使用的全生命周期管理、风险全过程管理和重要风险系统管理，并配合行政管理，实现终端安全管理流程化。

（4）终端安全态势可视化。对各类安全事件进行统一展现，并从各种不同角度进行分析，针对不同的安全事件，提供安全预警分析。

（5）实现终端运行管理自动化。增强终端管理的自动化，事件响应自动化，提高管理效率，减少人力投入，从而大幅度降低管理成本，提高效益。

（6）实现终端运行管理指标化。对终端安全事件量化处理，实现终端运行监测点及相关考核指标标准化。

（7）通过建立终端安全防护平台对基础管理类、运行安全管理类及信息、安全管理类的功能进行控制。

（8）通过建立终端安全管理平台提供终端安全管理各类状态、信息的报表管理、历史分析、监控视图等功能，以便日常统计、查询、管理和辅助风险处理。

移动终端安全管理平台除具备上述终端安全管理的通用功能外，还应具备以下两方面的功能。

（1）对移动终端进行有效的远程管理和控制，方便地获得用户终端中的业务信息和功能信息；自动发送运营商感兴趣的信息从终端侧传递到网络侧；手机出故障时对手机进行远程故障诊断、固件更新或升级；参数配置、信息采集、固件更新、软件组件管理、终端遗失管理、数据备份恢复、终端故障诊断、终端性能监控。

（2）对移动终端的安全进行集中式平台化管理。在操作系统级别可以通过平台对移动终端的操作系统进行体检，进行漏洞扫描和防护；平台与终端安全软件联动实现网络和终端联合病毒防护，可以通过对用户业务数据进行上下行检测、过滤等方法，识别染毒客户,并实时通知染毒用户;平台与终端安全软件联动,实现网络和终端联合垃圾邮件防护,可以在平台侧识别并通知移动终端用户;平台与终端安全软件联动实现网络和终端联合僵尸网络防护,可以在平台侧识别攻击等异常行为并通知移动终端用户;平台与终端侧安全软件联动实现网络和终端联合恶意软件防护,可以在平台侧识别恶意行为并通知移动终端用户。

移动终端安全管理系统一般包括安全管理平台和移动客户端两个部分,通过管理平台对装有移动客户端的终端进行安全管理,提供对终端外设管理、配置推送、系统参数调整等,同时结合管理员可控的安全策略机制,实现更全面的安全管控特性,有效地解决了企业在移动办公过程中遇到的数据安全以及设备管理的问题。

为了更好地对移动终端进行管理,移动设备管理(MDM)应提供各种集中管理控制的功能,使得管理员对终端设备从注册、使用到删除的整个设备全生命周期都能完全掌控。并且为了保证移动终端的安全,移动设备管理还应提供强大的指令下发、地理定位管理以及安全策略管理的功能。

4.2.1　设备管理

设备管理是对设备从激活到注销的全生命周期的管理。为保证对设备的全面管控,管理中心可以查看设备的硬件/系统信息、无线/移动网络状态、应用安装列表、行为日志、网络流量等基本信息;还可以通过上报屏幕截图、上报地理位置等监控设备行为;为防止设备丢失,可以进行锁定设备、清除工作区数据、恢复出厂设置等操作保护企业数据不被泄露;为方便资产管理,可以将设备标记为企业设备、转移用户等;还可以通过工作区密码下发、更新客户端、推送证书等功能强制设备合规操作。

针对设备的行为,移动设备管理系统提供设备准入和罚出功能。设备准入是对客户端的激活限制,管理员通过设置客户端激活必须满足的条件,以防止外来设备激活,恶意获取企业数据。

设备接入可以通过短信邀请的方式完成。短信邀请的形式满足移动客户端随时随地注册的需求,同时移动设备会根据短信内容自动填写邀请码,简化了激活流程。

设备罚出是对不合规客户端的检查和惩罚。管理员通过设置客户端的违规行为及惩罚措施,以防止员工的不合规行为引发企业数据被窃取。例如,管理员设定设备 Root 即违规,客户端发现设备违规,即阻止其进入工作区。

同时移动设备管理对设备的分组提供了分组、标签、规则三种维度的管理方式,使管理员能更灵活地对不同设备进行下发策略或应用。

基础的分组形式适用于 LADP 导入,导入的用户会保持其组织架构,也可自定义建立组织架构,同时支持分组的增删改。标签是在单纯的组织架构分组难以满足特殊性的分类需求时,管理员通过设置标签关联终端。而规则更智能化,只需要设置条件,满足该条件的设备将自动归入该规则,例如,设置"设备型号等于安卓",则安卓设备激活时,将自动进入该规则类别。

4.2.2.　病毒威胁防护

与以往攻击目标不同,越来越多的攻击者将中小企业锁定为攻击对象。相对于普通用户的个人计算机而言,企业服务器的数据包含珍贵的商业机密,一旦遭受攻击,就意味着海量机密数据无法恢复。因此,企业用户为了避免蒙受更大损失,只好乖乖地向勒索者支付赎金。

除此之外,不法分子传播勒索病毒的方式也五花八门,有些利用系统漏洞传播,还有文件感染、网站挂马、邮件附件、网络共享文件、软件供应链传播五大主要手段,令用户防不胜防。尤其对于职场办公人群而言,一旦不小心进入一个不法分子精心构陷的钓鱼网站,或者下载了含毒的邮件附件就会中招。

随着移动计算时代的到来,在家办公、异地办公和远程办公等词汇开始逐渐成为"移动办公"的各种表现形式,信息数据和计算终端走出企业的安全边界是不争的趋势。现今的差旅人员总得随身带着平板设备或智能手机,携带自有设备 BYOD 逐渐流行,而信息安全问题也越来越多地浮出水面。在移动互联网越来越深入人心的今天,攻击者已经开始将视线由 PC 转向了移动设备。同时,由于 Root 权限滥用和新的黑客攻击技术,移动设备成为滋生安全风险的新温床,容易成为黑客入侵渗透企业内网的跳板。

为防御移动端病毒攻击威胁,系统针对病毒等威胁,构建了病毒威胁防护模块,集成移动终端杀毒引擎,管理员可选择性地对设备进行杀毒防护,查看杀毒结果,保障移动终端免受病毒木马干扰,并可以通过控制台升级杀毒病毒库、杀毒实时监控。

同时,移动设备管理系统通过沙箱技术,在同一台移动设备上创建了一个个人与企业分离的安全地带,轻松地解决了个人和企业应用、数据混合带来的数据泄密和病毒感染等风险。

4.2.3　Root 越狱检查

Root 权限是手机中用户管理的最高权限,相当于计算机中的 Administrator 用户权限。Root 是 Android 系统中的超级管理员用户账户,该账户拥有整个系统的最高权限,使用该账户可以对手机操作系统进行任意的操作。为了防止系统文件被误操作进而导致基本功能(如打电话、发短信等功能)无法正常使用,所以 Android 系统并没有把 Root 账户开放给用户。

但是部分用户为了使用方便,对手机系统进行了 Root 越狱操作,Root 之后可以卸载预装在手机中的应用,删除不喜欢或不经常使用的手机软件,让手机更干净,同时也提高了手机运行速度。另外,Root 之后可以对系统进行更改,重新载入自己喜欢的手机 ROM,还可以安装更多需要 Root 权限手机软件。

但正因为 Root 后可以获得最高级权限,所以也存在着高风险,一方面由于很多手机用户可能不是资深或者专业的人员,Root 后的误操作会导致手机无法正常运行,需要恢复,可能还需要专业的人士帮忙重新刷机;而另一方面,一些无良的开发者专门开发针对一些获取 Root 权限的手机,进而给用户造成危害的恶意应用。

1. Root 原理简介

Root 权限往往被视为一种黑客技术,因为在手机厂商生产手机的时候并没有开放 Root 权限,这样做主要是为了保障操作系统的安全。因此,由于不同厂商生产的手机系统漏洞不同,获取 Root 权限的方式也会有所不同。开机之后,使用手机的身份就是一个普通用户(user),如果执行 su 命令,那么就可以直接切换到 Root 身份。Root 的基本原理就是利用系统漏洞,将 su 和对应的 Android 管理应用复制到/system 分区。常见的系统漏洞有 zergRuSh、Gingerbreak、psneuter 等。不过,不管采用什么原理实现 Root,最终都需要将 su 可执行文件复制到 Android 系统的/system 分区下,并用 chmod 命令为其设置可执行权限和 setuid 权限。为了让用户可以控制 Root 权限的使用,防止其被未经授权的应用所调用,通常还有一个 Android 应用程序来管理 su 程序的行为。

获取 Root 权限后用户就可以对手机系统进行任意的操作,更加符合用户需求,用户可以在获取 Root 权限后修改系统的内部程序,可以通过直接替换系统内的文件或者刷入开发者修改好的 zip 安装包的方法,修改手机的开机画面、导航栏、通知栏、字体等。还可以减轻手机负担,删除后台无用程序,增加手机运行内存,加快手机运行速度。但是 Root 带给手机用户的风险也十分大。

(1) 获取 Root 权限后,用户可能会误删系统自带软件,导致手机系统崩溃。

(2) 随意授予软件管理权限可导致手机资料泄露。

(3) 增大被攻击者攻击的概率,如不良 App 篡取最高权限、容易被病毒入侵。

2. Root 越狱检查

随着移动智能终端技术的快速发展,移动办公现象的普及,越来越多的企业员工开始使用移动智能终端进行办公,其中 BYOD 也成为潮流。

然而要从终端切入移动端安全,绕不开的一件事就是权限。例如,安卓的一个 App 是不能管控另一个 App 的,只有操作系统可以。而以前传统的做法是首先将手机 Root,但这种做法是利用漏洞来做的,从开始就将系统破坏,但是这一点在企业行不通。虽然操作简单,但也存在着更大的风险。

另外一种做法是定制手机,同时也存在着权限的问题,就像三星手机无法管理华为的手机一样,同时定制手机成本极高,而且如果定制系统不完善导致系统不稳定,将会产生更大的威胁。

越狱/Root 会对企业移动应用带来较大的安全威胁。移动设备管理系统采用越狱检测技术,对设备越狱/Root 自动检测,并根据规则第一时间进行处理。越狱检测策略是在用户登录时下发给移动客户端的,如果检测到越狱,移动客户端可根据策略的指示做出不同级别的响应:审计、提示、告警或断网。

4.2.4 强制密码安全

访问密码是保证移动设备安全的一个非常重要的机制,然而只有 1/3 的 Android 用户使用密码锁屏。Apple 用户表现的显然要更好些,约 89% 的 iPhone 用户使用 TouchID 或密码锁屏。

移动设备缺乏密码来验证和控制用户对存储在其中的数据进行访问,可谓是一大安全隐患。如今,许多设备都已经具备各种技术能力,包括支持密码、个人识别码(PIN)认证,以及扫描的指纹进行身份验证的生物识别读卡器技术等。不过,调查显示,消费者很少使用这些认证机制。即使使用密码或 PIN,他们往往也只会选择一些很简单的密码,如123456 或 000000 等。事实上,如果没有密码或 PIN 锁定装置,将会增加被盗或丢失的手机设备信息泄露的风险,攻击者就可以轻易地访问或使用未经授权的用户敏感信息。

当发生设备被盗或丢失时,泄露数据的风险非常高,特别是在丢失的移动设备没有密码的情况下。然而,使用密码的移动设备对于黑客来说也很容易破解。设备的新拥有者很可能会获取原主人的电子邮件、社交媒体和购物账户的信息、银行和信用卡的详细信息、联系人、照片和视频等,甚至终端中的企业数据。

使用密码不仅可以防止丢失的设备被他人访问,而且大多数情况下还可加密员工的数据。每个移动设备都应该有不同的密码。记住每个密码可能很费事,但是当移动设备丢失时,这个措施可使部分或全部账户保持安全。密码也应该是复杂的字符,包括数字、字母和符号。

移动设备可能会存储大量敏感业务数据。鉴于每年多达三分之一的设备会丢失或被盗,存在很大风险。弱密码、危险的应用程序使用和未加密数据都会导致敏感数据落入坏人之手。移动设备管理系统可以采用强制密码安全,可让用户轻松实施强密码,保护企业移动终端数据安全。

4.2.5　远程数据擦除

存储在设备上的数据的价值远远大于设备自身的价值。一台移动设备有很高的可能性遭到丢失、被盗或者只是被其他人使用,存储在设备上的数据的丢失是一个要重点关注的问题。

1. 数据擦除的重要性

移动设备具有易失性,从而具有泄露企业数据的隐患。移动设备由于其便携性极易丢失,每年有 7000 万部手机丢失,其中 60% 的手机包含敏感信息,而移动设备中所保存的企业敏感数据也因此面临泄密风险。设备丢失不但意味着敏感商业信息的泄露,所丢失的设备也可能会变成黑客攻击企业网络的跳板。

同时,员工主动泄密,也给企业带来数据泄露的损失。根据调查,尽管 85% 的企业采取了保密措施,但仍有 23% 的企业发生过泄密事件,员工的主要泄密途径除了拍照泄露、存储在手机中进而外泄外,还有离职员工复制企业重要信息,从而出卖资料。

远程擦除能力是企业移动安全策略中的一个基本能力,这是防止企业敏感数据泄露的重要工具。

当以前注册过的设备遗失/被盗或者它的主人离开了原公司,远程数据擦除可以防止将来对存储在设备当中的所有业务数据进行访问。然而,擦除员工的设备资料在没有明确的许可下是不应该的,且在理想情况下,不应对个人数据造成影响或者给用户带来不便。这些业务需求可以解决,方法如下。

作为设备可以注册的条件,员工必须被要求正式同意一些可接受的使用条款。移动设备条款还应该明确,在什么情况下可以调用远程擦除,怎样擦除才不会影响个人设备的使用和数据,以及数据备份/恢复的责任。

考虑使用数据加密工具来区分业务数据、账户和应用程序。例如,使用自加密(self-encrypting)企业信息应用程序能够将电子邮件、通讯录、日历及其他数据保存到一个需要认证的加密沙箱里,这个"箱子"能够轻易地被移除而不需要擦除整个设备。

实施能够远程擦除员工的设备的流程。为了防止逃避技术,在经过重复登录失败、长时间脱机使用或者移除了 SIM/USIM 卡的情况下,通过自动擦除可以完善无线命令确认机制,确保密切注意留在移动媒体设备(如 Android 设备)上的企业数据。

2. 远程擦除的方法

远程数据擦除功能受限于设备类型、移动操作系统版本和任何已安装的管理和安全类的应用。以下是一些远程擦除终端数据的方法。

(1)恢复出厂设置。清除智能设备或平板电脑的内部存储(例如 ROM)和外部存储(例如 SD 卡)上的所有设置、用户数据、第三方应用和应用数据,恢复到出厂状态。这种方式可能比较容易,但是它的执行成功率不一定很高,和用户刷机,破解等有关。

(2)全设备清除。清除分区中用户写入文件系统的所有内容,这种方式只清除用户写的分区,而不是整个存储区域。

(3)企业设备擦除。根据 MDM 工具推送到设备上的指令来擦除如设备设置、用户数据、应用和应用数据等内容。例如,如果 IT 人员使用 MDM 工具去配置企业的邮件和安装企业应用,企业需要远程擦除时,将擦除邮件的账号、设置和消息,卸载应用以及与之相关的文件和数据。企业擦除方式不影响用户安装的公共应用、数据或常规的设置,如个人邮件。

(4)安全沙盒移除。只清除事先安装的安全数据容器,主要包括由 MDM 工具推送到沙盒的文件和数据。

(5)安全应用移除。移除一个单一的企业或公共应用,例如,一个安全消息客户端或一个安全 Web 浏览器以及存储在应用中的加密数据。

这些擦除方式都是针对数据存储在移动设备上的情况。还要考虑数据可能被复制到其他位置的情况,例如云存储、邮件发送出去的。

移动设备管理系统在移动终端上建立一个安全、独立的工作区,能够将企业应用和数据存储在受保护的安全区内,从而避免企业数据被个人应用非法存取。针对个人移动设备容易丢失的情况,提供安全可靠的密钥管理,当员工移动设备丢失时,能够远程擦除企业数据,由此减少数据泄露的风险。

4.2.6 地理位置定位

在任何移动设备的使用寿命里,关于它的使用情况的大量信息可能会被记录,其中包括地理位置。移动终端移动性较强,员工会随身携带,位置会随时变化。可以通过移动终端的这一特点,确定在工作时间内员工的移动轨迹。持续跟踪能够帮助 IT 迅速恢复丢失的设备,或产生有关盗窃信息的漫游警报,警告 IT 可能发生的威胁。然而,员工对于隐私权的要求可能会阻碍持续的跟踪。此外,一些用户的设备可能不容易定位(例如,断开或禁用的设备)。最后,如果要追踪涉及频繁的 SMS 信息,所需的成本可能相当大。

1. 地理位置定位优点

大环境的发展以及移动技术的日趋成熟为企事业单位员工基于移动终端的协作与行踪位置管理提供了实现可能,方便企业更加科学、合理地进行人事管理。人力资源的有效分配与协作,无论是对于规模庞大的集团单位或者是创业团队,都能够起到高效低成本沟通,为异地互助协作提供可靠保障。例如,员工出差的日程企业管理,借助移动终端地理位置定位,管理团队可以轻松实现员工位置定位与实时位置传输的监测,了解员工何时何地拜访客户情况与真实性。公司管理者可由此精确定位每个业务员每天工作的具体位置,以对其加强有效管理。

系统可以查看全部设备的地理位置分布情况,并且可以查看每台移动终端近期的移动轨迹,方便对员工的行踪进行管理。

2. 定位技术

定位技术在人们生活和国家发展的各个方面都有着广泛的应用,在现有技术的基础上可以有多种方式来实现定位功能。根据定位所采用技术的不同,它们的应用范围也有所不同。

1) GPS 定位

GPS(全球定位系统)是由美国建立的一个卫星导航系统,最初起源于美国军方的一个项目。GPS 定位需要 GPS 硬件支持,直接和卫星交互来获取当前的经纬度与准确时间。接收机在户外接收到天上的定位卫星发射出来的信号,得到卫星的位置,推算出接收机到每颗卫星的距离,进而推算出手机的位置。通过 GPS 方式定位准确度是最高的(10m 左右,取决于芯片),但是从 GPS 模块启动到获取第一次定位数据(冷启动),可能需要比较长的时间,并且 GPS 模块耗电量大,且在室内几乎无法使用。

2) A-GPS 定位

辅助 GPS 技术(Assisted GPS, A-GPS)主要是为了提高 GPS 系统的性能。A-GPS 利用网络,首先将基站定位或者 Wi-Fi 定位获得的大概位置发到远程服务器,由服务器进行查询和计算,得出这个位置下当前卫星信息,反馈给设备,设备就可以直接用这些信息接收卫星信号,不用等待漫长的卫星轨道信息广播完毕后才能知道卫星的位置,大大缩短了搜星时间。A-GPS 解决方案的优势主要体现在其定位精度上,在室外等空旷地区,其精度在正常的 GPS 工作环境下,可以达到 10m 左右,堪称目前定位精度最高的一种定位技术。该技术的另一优点为:首次捕获 GPS 信号的时间一般仅需几秒,不像 GPS 的首次捕获时间可能要 2~3min。

3) 基站定位

基站定位就是 LBS 定位,基站定位服务又叫移动位置服务。手机使用基站定位的原理就是通过测量手机到不同基站的距离来实现定位。手机在定位的时候首先向周围的基站发送导频信号,这种信号的作用就是测量手机到基站的距离。通过手机导频信号到达不同基站所用的时间来计算,这样就可以采用三角公式估计算法来计算手机的位置,如图 4-4 所示。

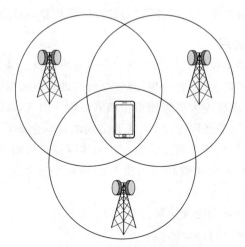

图 4-4　手机基站三角定位

4)Wi-Fi 定位

Wi-Fi 技术与基站定位技术在原理上有许多相似之处,基站定位是在确定了基站位置的基础上,通过到基站的距离来计算手机的位置的。而在 Wi-Fi 定位中,首先要确定的是无线局域网中 AP 的位置,然后通过测量手机到 AP 的距离来计算手机的位置。Wi-Fi 定位技术不像基站定位技术那样需要对现有网络或者手机进行大的改造,Wi-Fi 定位技术可以直接利用现有的无线局域网进行手机的定位。只要手机具有无线功能,就可以直接利用无线局域网进行定位。在这个定位过程中,首先要确定 AP 的位置,这是利用 Wi-Fi 进行定位的基础。在获知了 AP 的位置后,手机向 A 发送探测信号,主要探测 AP 发送的无线信号的强弱,根据无线信号的强弱来计算手机与 AP 之间的距离。这里和利用基站定位一样,手机探测的 AP 数量越多,定位就会越精确。

但是无线信号会随着传输距离的变化而变化,还会受到阻挡而产生信号的衰减等。这样就会使得手机的定位达不到 100% 准确,肯定会存在误差。当然除了无线信号自身的特性会影响定位的准确性外,手机与 AP 距离的计算算法也是影响定位准确性的主要因素。

4.2.7　软硬件资产收集

市场上不乏智能移动终端安全管理软件,拥有包括密码保护数据、卫星定位甚至移动轨迹追踪等林林总总的功能。但即使在众多措施保护下,丢失手机的情况仍难以防范,而手机丢失后的各种麻烦与损失仍令人头疼。对于企业来说,手机等设备的丢失给企业造成损失不仅是固定资产的缺失,更重要的是企业数据的泄露。移动终端资产遗失或出现异常后,及时发现、及时处理是非常重要的,因此管理人员需要对移动终端资产备有详细的清单、详细设备信息、详细应用信息。

由于移动终端在企业员工的手中,因此员工可以根据自身的需求更改移动终端设备,终端的软硬件资产、配置可以被任意变动,无法及时统计,盗版软件可以被任意安装,造成法律风险。现在企业规模越来越大,繁杂的手工终端管理已经远远不能适应大规模企业管理的需要,无法达到及时、严密、持续的安全管理目的。因此,移动终端的软硬件资产收集非常重要。

移动设备管理系统一般应提供软硬件资产收集模块,可以全自动汇总企业内的移动终端软/硬件资产信息,海量信息一表掌握,还可多条件组合查询资产情况,当硬件资产发生变更的时候,网管中心可立即接到报警,防止由于硬件丢失造成的经济损失和数据信息外泄。企业管理人员可以定期通过软硬件资产收集模块获得移动智能终端设备的软硬件清单,能够让企业管理者时时掌握公司硬件资产以及核查员工使用手机应用程序是否合规。

4.2.8　锁定企业数据访问工作区

随着移动终端的成熟与普及,以智能手机、平板电脑为代表的个人移动终端设备逐渐进入企业领域。据国际权威咨询公司 Gartner 预测,企业支持员工在个人移动终端设备上运行企业办公应用程序越来越普遍。

在 BYOD 中,同一移动终端上既有个人应用程序和数据,也有企业应用程序和数据,企业应用程序设置在企业管理客户端中,企业应用程序的数据也保存在企业管理客户端中。为了区别,个人应用程序和数据所在的区域被称为个人区,企业应用程序和数据所在的区域,即企业管理客户端创建的区域被称为工作区。

BYOD 为企业信息安全带来了新的挑战。

(1) 企业网络边界变得模糊,原有的边界防御系统无法有效保护企业信息安全。企业员工的移动终端可以在任何时间、任何地点接入移动互联网或公共/家庭 Wi-Fi 网络,移动终端中的企业数据也会暴露在来自互联网的攻击之下,BYOD 打破了原有的企业网络边界,正是这种边界的模糊性使 BYOD 成为企业信息安全体系的薄弱环节,需要新的方法保护企业信息安全。

(2) 遗失或被窃移动终端,会给企业带来泄密隐患。移动终端容易丢失,移动终端中所保存的企业数据也因此面临泄密风险,设备丢失不但意味着敏感企业信息的泄露和丢失,所丢失的设备也可能会变成攻击企业网络的跳板。

由此可见,BYOD 给企业带来的信息安全问题成为现有技术中亟待解决的技术问题。

鉴于上述问题,提出了移动设备管理系统以便提供一种锁定移动终端工作区的方法、系统及装置。系统提供了一种锁定移动终端工作区的方法,该方法包括:根据保存的合规性检测规则,确定移动终端是否为合规的移动终端。当移动终端为非合规终端时,使用移动设备管理系统锁定工作区模块控制所述终端锁定工作区,否则,允许用户进入所述移动终端的工作区。

管理员能通过管理中心看到每个移动终端的详细信息,包括每个设备的所有权是否活跃、是否锁定工作区、是否锁定设备、是否注销、是否激活等状态,并可对指定的或者所有的终端进行清除工作数据、锁定设备、锁定工作区。

4.3 MCM 移动内容管理

随着手机等移动设备的普及,移动终端业务的增多,无论是用户还是企业都对移动数据的安全性提出了更高的要求。但是如何来确保移动数据安全还是一个很大的难题。

各种报道指出,当今移动数据安全性并不高,信息泄露的情况还是很严重,从而造成用户损失十分巨大。移动互联网在移动终端、接入网络、应用服务、安全与隐私保护等方面都会面临着一系列的挑战。

2017 年 5 月,WannaCry 勒索病毒席卷全球,包括中国、美国、俄罗斯及欧洲在内的100 多个国家,我国部分高校内网、大型企业内网和政府机构专网遭受的攻击较为严重。同年 11 月,黑客获得了 Uber 在 AWS 上的账号和密码,从而盗取了 5700 万乘客的姓名、电子邮件和电话号码,以及约 60 万名美国司机的姓名和驾照号码。这些事件不仅给企业带来数据资产的严重损失,还带来了巨大的社会影响。

随着移动互联网的快速发展,移动设备成为日常必备品之一,无论是生活使用还是办公应用均会涉及移动设备。通过移动设备操作形成的数据流都将在互联网中进行传输,因此,移动时代最大的安全入口主要还在于移动设备的安全。然而据统计,九成以上的安卓设备存在远程攻击漏洞和权限提升漏洞,再加上用户更新系统频率比较低,会导致手机存在一定漏洞风险,容易造成隐私和数据的丢失。

在移动办公时代,企业的业务会越来越依赖移动端应用。同时,移动应用数据防泄露也成为企业关注的重点。为了解决企业数据的泄露问题,移动内容管理(Mobile Content Management,MCM)应运而生。MCM 平台能全面控制移动应用内容存储与分发,确保企业公文等重要资料得到有效保密。MCM 可以隔离、监控和控制敏感信息的分发与访问,当然这些信息是由组织的安全策略所规定的。容器是加密的和集中管理的,并且有管理数据访问、复制、电子邮件及其他功能的策略保护。敏感数据一定是加密的,可以有选择地从一台设备擦除,如设备丢失、被盗或设备所有人从单位离职时。由于大多数组织都将安全性放在第一位,特别是在 BYOD 环境中,因此现在的 MCM 成为一个成功企业移动管理的主要组成部分。

移动内容管理系统针对以上问题,提出了以下功能以保护企业数据安全。移动内容管理在移动终端建立了一个安全独立的工作区,采用的公私隔离技术很好地将企业数据和个人数据完全隔离,所有的企业应用和数据存储在受保护的安全工作区内,避免非法存取企业数据,使 IT 部门能更好地保护企业的应用和数据,也为员工提供了无差别的个人应用体验,达到"一机两用"的效果。

移动内容管理系统一般会采用 AES256 算法以及 SM 系列加密算法处理数据,对移动终端上的工作区内的企业数据进行高强度加密,同时提供安全可靠的密钥管理,确保企业数据在多终端复杂环境下的安全。

企业内部应用或第三方应用产生的数据,都安全地加密存储在工作区,仅工作区内的应用程序可以访问查看,保证企业数据安全地存储在工作区。

对于重要秘密文件,系统还需要提供阅后即焚功能,下发的消息或文件不会保存在本地,员工浏览完,消息和文件就会消失,让文件主人有效掌握文件控制权,从源头上保证文件资料不被泄露。

4.3.1 公私数据隔离

互联网、云计算和智能终端的广泛应用促使 IT 环境不断开放,这对企业原 IT 架构的数据安全提出了更高的要求。很多企业无法将内网与互联网完全区分开,移动终端上不仅存有工作数据还有个人数据,员工的移动设备亦办公亦娱乐,一台终端同时连接到多个网络场景下的数据交叉必然带来泄密风险。

办公终端访问互联网,在浏览 Internet 过程中,会有意或无意地造成信息泄露和文件损坏。同时,BYOD 情况普遍,终端在内网和互联网之间的自由切换,移动设备的随意插拔,以及进行数据的交互和相互影响时,避免因木马、病毒等因素造成文档的泄密和文件损坏。同时,当用户访问敏感业务系统区域时,没有对数据存储进行隔离,没有对网络访问资源进行控制,对外设、工具软件随意安装和使用,因此,在敏感信息系统产生的数据(自己创建、系统下载、内部交换等)会成为安全隐患。

数据隔离需求指内网和互联网产生的数据相互隔离。数据主要形态是服务器端和终端的存储及传输,特别是终端上的生产数据、办公数据和互联网下载数据的隔离,可控交互。为防止内网和互联网通过终端的网络通信造成信息的泄露,系统需要对不同用户、不同用户组、不同安全桌面制定不同的网络策略,从而实现互联网安全桌面可以访问互联网应用,禁止访问内网应用。

有鉴于此,系统提供一种公私隔离的方法及装置,移动终端采用移动沙箱技术设计双区域模式:工作区模式和个人区模式。工作区数据应用和个人区数据应用完全隔离,提高员工办公效率,同时提高设备使用率。在移动终端上设置工作区可以完成相应的操作,包括以下几个方面。

一种公私隔离的方法,包括:对移动终端的系统事件进行监测,判断所述系统事件是否符合预设的工作区规则;当所述系统事件符合所述工作区规则时,在工作区空间内执行与所述系统事件对应的操作,将与所述操作相对应的数据加密并存储在所述工作区空间的数据库中。

一种公私隔离的装置,包括:事件监控模块,配置为对移动终端的系统事件进行监测,判断所述系统事件是否符合预设的工作区规则;执行模块,配置为当所述系统事件符合所述工作区规则时,在工作区空间内执行与所述系统事件对应的操作,将与所述操作相对应的数据加密并存储在所述工作区空间的数据库中。

移动内容管理系统的公私隔离的方法和装置:在移动终端上建立一个安全、独立的工作区,将所有的工作数据,即企业应用和数据存储在受保护的安全区内,使个人应用无法访问企业数据,避免企业数据被个人应用非法存取。不仅将企业数据和个人数据完全隔离,使 IT 部门能够更好地保护企业的应用和数据,而且为员工提供了无差别的个人应用体验,达到一机两用的效果。

移动内容管理系统在保证企业员工在享受移动终端办公给自己的工作带来的灵活性

和个性化的同时,解决了员工个人隐私的安全性以及工作和个人生活的平衡性问题。可以采用工作区数据和个人区数据完全隔离的方式,个人区不能访问工作区数据,同时工作区也不能访问个人区的数据和应用,保证了个人数据的隐私和企业数据的安全,真正实现了"一机两用"。在非工作时间员工可仅使用个人区,也很好地保证了个人生活和工作的平衡。

通过移动内容管理可以在终端上建立企业安全独立工作区,企业所有的数据只能在工作区里面运行,包含企业内部应用只能在工作区里面打开运行,个人数据不能进入工作区,同时工作区的应用也不能调用个人数据,真正实现公私数据隔离,确保企业数据的安全。

4.3.2　企业数据加密

随着互联网的发展与企业信息化的应用进程,企业信息化管理在国内的应用已越加广泛,而企业信息化管理也涉及全面连接到广域网、局域网和全球互联网等。在终端系统对企业数据存储量也越来越多,许多数据需要时时更新、保存及维护,有的甚至需终身存储,因此造成企业核心数据成为企业安全发展的中心,让企业数据安全重要性越发突出。如何增加企业数据管理的安全性、稳定性、有效性、完整性成为企业数据安全管理软件开发人员的关注点。

数据安全是当今企业面临的最紧迫问题之一。对属于员工或客户的个人信息进行未经授权的访问不仅会危及所牵涉的个人,也会给拥有数据的公司造成损害。

企业移动数据安全管理的核心是数据安全,解决企业核心移动数据的安全问题,首先要对企业数据进行全方位整合,进行安全多维度分析以使企业数据更加符合企业数据安全管理的要求。从企业数据安全的角度讲,移动数据安全加密系统可以分为数据加密、数据传输加密、身份认证加密三个层次的加密管理。

数据加密就是企业数据管理过程中按照一定的密码加密算法将机密文件的明文数据转换成难以识别的密文数据,通过使用密钥管理,用已有的加密算法将明文数据加密成密文数据,而企业在使用时,可通过密钥将密文加密文件还原成明文文件,这是解密过程。通过此流程就对企业的机密数据进行了安全保护。而现在的数据加密产品,加密与解密过程都是由计算机自动完成的,用户不需要再手动添加密钥,使企业数据的加密流程更加适用、简单。也正因如此,数据加密系统被企业认为是数据安全管理唯一实用的对存储数据进行安全管理的有效途径,它是企业数据防护在系统技术上的最重要环节。

数据传输加密是指企业机密数据在流转传输过程中必须要确保机密数据的安全性、完整性和不可篡改性,就是通过对企业机密数据在流转环节中的加密过程,保证企业数据在流转环节的安全性管理。

身份认证加密的目的是确定企业数据系统的访问者是否为企业合法用户,主要采用企业登录密码、企业网络的信任管理或企业人员的审核管理,来确认访问者的身份,以赋予相应的企业机密数据的操作权限。

企业数据加密技术是最基本的安全技术,被誉为企业信息安全的核心,是通过安全密钥对企业机密数据进行加密,而这种加密方式的加密程度取决于所采用的密码算法和密钥长度。

根据密钥类型不同,可以将现代密码技术分为两类:对称加密算法(私钥密码体系)和非对称加密算法(公钥密码体系)。在对称加密算法中,数据加密和解密采用的都是同一个密钥,因而其安全性依赖于所持有密钥的安全性。对称加密算法的主要优点是加密和解密速度快,加密强度高,且算法公开,但其最大的缺点是实现密钥的秘密分发困难,在大量用户的情况下密钥管理复杂,而且无法完成身份认证等功能,不便于应用在网络开放的环境中。目前最著名的对称加密算法有数据加密标准 DES 和欧洲数据加密标准 IDEA 等,目前加密强度最高的对称加密算法是高级加密标准 AES。对称加密算法、非对称加密算法和不可逆加密算法可以分别应用于企业机密数据加密、企业身份认证加密和企业数据安全传输加密。

企业数据传输加密技术目的是对企业数据传输过程中的数据流加密,以防止流转过程中泄露、篡改和破坏。企业数据传输的完整性通常通过数字签名的方式来实现,即数据的发送方在发送数据的同时利用单向的不可逆加密算法 Hash 函数或者其他信息文摘算法计算出所传输数据的消息文摘,并将该消息文摘作为数字签名随数据一同发送。接收方在收到数据的同时也收到该数据的数字签名,接收方使用相同的算法计算出接收到的数据的数字签名,并将该数字签名和接收到的数字签名进行比较,若二者相同,则说明数据在传输过程中未被修改,数据完整性得到了保证。

最新的企业传输加密技术采用底层防护,通过驱动级加密过程,将文件的流转在同一通信道内进行,而通道是禁闭的,数据文件是只进不出的,因此可更加有效地保证数据的安全。

在企业管理系统中,身份认证加密技术要能够密切结合企业的业务流程,阻止对重要资源的非法访问。身份认证加密技术可以用于解决访问者的物理身份和数字身份的一致性问题,给其他安全技术提供权限管理的依据。

企业数据安全加密问题涉及企业的很多重大利益,因此,企业数据安全发展必须保证企业机密数据安全,而企业数据加密软件系统是企业数据安全的唯一选择,保证企业产品数据安全、设计图纸安全,以及开发企业当中的源代码安全都将成为数据加密软件系统的应用对象。

移动内容管理系统工作区内的数据无论是存储还是通信都经过加密处理,并且企业管理员具有对设备数据的删除权限,很好地保护企业数据不被泄露。在企业独立工作区运行的数据均进行加密,除支持国际标准的 AES-256 算法外,也需要支持国密的 SM 系列算法。

4.3.3　安全移动办公应用

随着信息技术的不断发展,移动终端已成为生活工作中与人们关系最密切的电子设备。从最初的手机,到 PDA 手持终端,再到如今 4G 时代的智能手机、平板电脑、电子书和车载导航设备等,移动智能终端越来越普及。随着 5G 网络的建设,万物互联的时代到来,将会有越来越多的移动终端接入。与此同时,越来越多的业务办公将迁移到移动端,移动办公成为一个必然趋势。

根据移动信息化研究中心发布的研究报告显示,97%的银行都已经在应用移动办公;94%的制造业、企业在不同程度上部署了移动办公应用;此外,金融、房地产、能源、航空等行业的移动办公渗透率也比较高。终端用户自己携带设备办公 BYOD、企业统一配发移动设备用于办公(Corporate-Owned Personally-Enable,COPE)等模式已经获得了企业用户的青睐。报告显示,63.5%被调查的企业认为在积累移动办公经验的同时,企业在以下这些方面取得了突飞猛进的效果。

(1) 提高企业决策速度。

(2) 提高企业事件响应效率。

(3) 规避安全风险,变堵为疏。

(4) 提高员工对于碎片化时间的使用率。

(5) 重构更高效的业务流程和作业方式。

然而,企业业务办公场景移动化虽然保证了办公流程的高效性和便捷性,但移动安全的问题也日益突出。根据 CISO 发展中心发布的调研报告显示,34%的企业最担心商业核心机密数据被盗取,25%的企业面临的最大安全挑战则是员工安全意识薄弱。据波耐蒙研究所(Ponemon Institute)的报告显示,67%的受访企业称,曾因员工使用手机访问公司的敏感和机密信息而导致数据泄露(无意泄露手机感染恶意病毒木马),28%曾因员工通过手机有意泄露敏感数据造成巨大经济损失。

而在 Gartner 报告中,大部分企业的安全负责人对"移动设备与企业网络之间如何交互"还处于基础认知阶段,有些甚至毫无安全知识储备,这说明企业在移动数据保护方面仍然有很大的提升空间。根据企业性质和业务的不同,面临的安全挑战也各有不同。

移动内容管理系统客户端内置了企业办公的基础套件,提高员工办公效率,同时保证数据安全性。办公套件包括企业安全浏览器、企业邮件、企业私有应用市场、企业日历等。

针对移动电子政务发展中移动办公的特殊需求,提供专有办公套件:安全邮件,安全IM,安全通话,安全短信,安全浏览器等满足不同频次移动办公需求,解决使用个人应用办公时敏感数据被恶意窃取的问题。

(1) 安全浏览器满足安全快捷的上网办公需求,支持下载文件安全扫描、恶意网址拦截提醒、上网环境监测、下载文件断点续传,支持网址黑白名单,过滤恶意网址,规范上网行为。

(2) 蓝信(企业私有 IM)具有即时沟通功能:垂直沟通更快捷,横向沟通更流畅;企业信息实时推送,任意时间、任意地点、安全可靠随时办公(发起电话 会议、视频会议、访问 OA 系统等)。

(3) 安全邮件系统解决了用户大量敏感邮件内容明文传输的问题,从客户端、邮件内容、邮件传输再到服务器防御提供一整套的安全邮件解决方案。让用户可以高效、快速、安全地发送、阅读加密电子邮件。

(4) 安全通话为具有一定规模的用户搭建一个与外界通信环境完全隔离的受保护的通信平台,采用国密算法,硬件 TF 卡生成和存储密码,通话一次一密,强大的身份认证系统和语音加密传输,保障语音数据的传输安全,防止重要的企业机密被监听和泄露。

(5)针对传统短信易明文传输易被劫持的特点,采用硬件 TF 卡生成和存储密钥,一次一密,透明加解密。形成与外界通信环境隔绝的短信收发平台,强大的身份认证系统和短信内容加密传输,保障企业敏感数据不被劫持和泄露。

4.4　企业移动管理

如今,在移动信息化浪潮的冲击下,移动设备和移动 App 正在改变和重构企业员工、上下游伙伴和客户之间的连接方式。移动互联网、移动优先等企业信息化战略面临如下问题。

如何将 IT 安全管控从传统的 PC 延伸到移动设备? 如何将碎片化的 App 应用集中、受控地部署到员工设备? 如何周密地确保商业数据在移动端的访问与存储安全? 如何避免不同厂商开发的移动应用带来重复登录的糟糕体验? 如何通过一个简单有效的移动管理平台,以较低成本投入持续获得领先的移动竞争优势?

这些问题一直在困扰着企业。一方面,企业迫于市场竞争和内部业务/管理的移动需要,用户期望远高于实际;另一方面,由于企业对这类移动化管理平台的缺失,导致移动应用无法集中部署到员工移动设备,也无法对应用的升级、删除做出统一的管理,这直接导致企业在移动化管理的投入成本越来越高,而员工的满意度却越来越低。

随着移动化管理技术的成熟,企业移动管理(Enterprise Mobility Management,EMM)这一新的管理理念与平台应运而生。

企业移动管理或 EMM 是描述几种移动管理、安全和支持技术的未来发展和融合的术语。这些包括移动设备管理,移动应用程序管理,应用程序打包和集装箱化以及企业文件同步和共享的一些要素。这些工具将逐渐成熟,扩大范围并最终满足智能手机、平板电脑和个人计算机上所有流行操作系统的广泛移动管理需求。

企业移动管理是当前企业在移动信息化运营过程中,可以借助的重要的管理平台来完成对企业应用的部署、管控。

EMM 通常提供以下几项关键功能。

(1) 移动设备管理(MDM)。提供对企业移动设备的统一管理。实现对移动设备操作、启用、运维、锁屏、通信记录、位置分析等功能。同时可以远程查看移动设备的程序安装列表、硬件配置、使用情况以及存储容量和网络信息等,方便企业 IT 管理人员一目了然地了解企业网络中每台设备的状态。

(2) 移动应用管理(MAM)。可以帮助企业 IT 团队管理、发布移动应用,提供必要的安全保障,同时结合应用策略,对远端移动设备的应用进行应用身份验证、应用功能限制、黑白名单以及远程强制安装和应用卸载与关闭等管理。统一的应用商店让用户能够借助任何设备,从单一地点访问他们的应用,包括移动应用、网络应用、SaaS(软件即服务)应用、Windows 应用等。

(3) 移动内容管理(MCM)。企业员工需要随时随地访问企业共享文件,但是为了保障企业移动数据的安全,防止企业敏感信息泄露是企业非常关心的问题。MCM 通过容器技术,可以隔离、监控和控制敏感信息的分发与访问,防止数据被传送、复制和盗用,并且对含有机密的文件启动自动保护机制。如设备丢失、被盗，或员工离职，管理员可以通过管理后台对设备进行远程擦除操作。

（4）用户行为管理。用户行为安全功能，不仅可以关注初始登录操作，还可以对员工的输入行为进行跟踪，包括输入信息和输入时间，以及对关键词进行过滤，一旦员工输入信息涉及敏感词汇，会提示员工删除。同时结合安全浏览器对所有访问记录可查，实现行为审计。

（5）报表管理。分析出各种有价值信息，利于管理人员进行管控。实现对应用报表、设备报表、策略报表、流量报表、用户报表的统计。

企业应当正视其存在的安全隐患，并找到适合的移动安全解决方案，才会拥有更加安全的移动办公环境，才能让移动化办公成为提升工作效率的利器。

 思考题

1. 移动信息化趋势为企业信息安全和管理带来了哪些方面的新挑战？

2. 简述移动终端管理技术都包含哪些技术，简述其原理。

3. 简述手机病毒基本原理以及杀毒技术。

4. 移动设备管理需要具备哪些基本功能？简述其基本原理。

5. 为什么需要移动内容管理？移动内容管理具备哪些功能？简述其原理。

6. 简述企业移动管理提供的基本功能及其优点。

第 5 章

移动应用安全

随着移动互联网的高速发展，越来越多的移动设备开始进入各个行业的 IT 环境中，自主开发移动应用也成为行业的一大趋势。新的模式和应用为日常办公和移动产业带来了全新的改变，但也因此引发了新的安全问题。例如，存在移动设备的遗失或被冒用、用户主动或无意识的信息泄露、病毒、间谍软件或其他黑客攻击、企业应用本身、防病毒软件及终端管理软件自身的漏洞或威胁、网络中传输的数据被窃听或被篡改、企业应用服务器直接暴露于互联网中等安全问题。

互联网的高速发展，智能手机、平板电脑等各种便携移动设备已经充斥了人们的生活，各种移动应用迅速覆盖了包括出行就餐、日常起居、金融理财等各个领域。

虽然各大安全厂商不断更新自己的软件和查杀方法，但是手机病毒的隐蔽性、危害以及反查杀手段也在不断更新。在安全厂商手段升级的同时，这些恶意开发者也会立即做出反应，并做出新的规避方法。这也使得现在的安全市场形成了一种拉锯战的态势。

一般来说，很多所谓汉化版、功能升级版等被篡改过的"山寨"移动应用是最容易被植入广告等恶意插件的应用，这也是手机的另一个安全问题。

和 PC 时代一样，在当今的智能终端上，最具威胁的恶意应用当属木马程序。这也是被各大安全厂商公认的手机安全领域的主要威胁。例如，Android/Obad.A 是一种针对 Android 手机的全新后门木马。这类应用能够通过伪装，留下系统漏洞以备日后黑客攻击并获取用户数据。

与此同时，企业正快速地将大量的业务应用（如电子邮件、日程、浏览器）迁移到大量的所谓生产率应用，而其潜在的固有漏洞给企业的敏感数据带来更大的攻击面。敏感信息正日益面临被暴露的风险，这是因为"雇员日益成为拥有其自己的 IT 部门"的员工，将不安全的应用下载并在其设备上运行。调查发现，许多雇员在已经存在一个可用的应用时，还要下其自己的应用。

从本质上说，企业都要求对所有移动应用进行更精细的控制，但 EMM 无法提供此功能。即使对于从苹果和谷歌下载的移动应用来说，问题也是如此。攻击者还能够将恶意软件伪装成一个新闻网站移动应用，以此吸引目标。所以，公司需要的不仅是 EMM，更应找到一个对所有移动客户交付安全产品的方法。

企业往往要求开发者们快速将应用推向市场，开发者就不断地更新，或在开发移动应用期间利用一些外包的或外部的框架。这确实可以提高开发速度，但也意味着开发者可能在不知不觉中就引入了一些安全风险,尤其是在使用第三方的组件时,问题就更为严重。

移动设备和应用在企业中的演变步伐将极大地改变企业考虑安全的方式。企业需要在一个自己越来越不容易控制的由设备、移动应用、用户所构成的环境中建立信任和安全。在此过程中,要有效地控制风险就要真正地理解人在移动设备上的工作方式及其与移动设备和应用的交互方式。攻击者将主要关注那些广泛使用并且有安全缺陷的移动应用,它们将威胁公司数据和用户隐私。

对移动设备和应用实施零信任模式并在移动应用层上实施适当的安全控制既能提升效率又可以促进安全。但是最根本的问题是,这种模式不再是关于设备的,而应是关于移动应用的。

5.1 移动应用管理

移动应用管理(Mobile Application Management,MAM)是针对员工移动设备应用的安全保护、分发、访问、配置、更新、删除等策略和流程进行统一管理。通过企业应用商店控制和推送应用,能集中监控应用的使用情况,对应用设置相应策略以满足企业的规范。

MAM 是 MDM 向移动应用的延伸,帮助企业将 IT 策略从设备级延伸到应用级,从而具备对于企业应用 App 的更高控制能力,实现自动化的应用配置,应用内数据安全管理及移动端应用到后台服务系统的安全数据传输等功能。MAM 可以在移动设备中建立企业应用沙箱,将企业数据与个人数据完全分隔,从而提供更高的数据安全性及更优秀的客户使用体验。

因为 iOS、Android 等移动操作系统已经严格定义了应用程序权限及操作范围,主流的 MAM 厂商可以通过应用 App 再次封装和专有 API 技术来实现企业应用管理。

企业移动应用管理中心建立了一个专用的工作区空间,用于生成企业私有的应用市场,该市场不仅很好地规范了企业移动设备应用的下载和使用,保证了应用的安全性,而且提高了管理员统一管理企业移动应用的效率。

为了保证企业移动应用的安全性,移动应用管理系统采用应用加固技术,对上传到企业应用市场的应用进行封装加固处理,可以有效预防企业应用遭受逆向威胁,保证工作区内使用的移动应用安全可靠。

管理员对终端应用有绝对的管理权限,支持对 Android 和 iOS 两种操作系统的应用下发,并可实施安全策略管理,可强制安装、强制卸载终端应用,可设置应用黑白名单,黑名单中的应用不能安装,白名单中的应用必须安装并且不能卸载,并可以查看安装统计数据情况。

管理员可自定义客户端工作区办公套件,并可对下发的应用进行升级更新管理。

5.1.1 企业应用市场

随着企业日益重视移动设备和应用,企业的管理人员在满足终端用户的需求时面临着不少压力,这是因为他们既要向业务人员和合作伙伴提供安全的应用,又要向直接使用移动应用的客户快速提供应用。结果,可使应用程序的开发更容易,大量的移动应用开发平台和移动应用开发工具纷至沓来,无论是技术人员还是非技术人员都可以创建移动应用。但移动应用开发者的安全知识却不能保持同步和一致。

构建移动应用的安全知识发生的这种变化,再加上企业要求快速将应用推向市场的迫切需求,导致了移动应用的可用性战胜了安全性,造成了大量不安全的应用。

同时,作为人们在移动端获取和更新应用程序的主要渠道,移动应用商店在目前的移动互联网产业链中位于核心地位。在我国,由于 iOS 和 Android 系统官方市场的原因,结合 Android 系统开放的环境,加上"以应用商店抢占移动互联网入口"的概念,国内同时出现了很多非官网商店。除了上述几个官方应用商店之外,终端制造商、电信运营商、纯第三方商店运营商都参与其中,直接后果就是这些第三方商店竞争激烈、同质化严重、监管松散、盗版泛滥,基本处于无序状态,应用商店整体格局表现为以上各类应用商店的混战,如图 5-1 所示。

应用商店的审核机制不完善、安全检测能力差等问题,使恶意程序得以发布和扩散。收集恶意程序传播渠道多样化,导致下游用户感染恶意程序速度加快。

为了解决这个问题,必须利用工作在移动应用层的安全方案,并且在所有移动应用中提供一种一致的安全框架。这种方案不仅要保护移动应用,还要确保不健全的移动应用会成为攻击者的前门。只有这样,企业的管理人员才可能对移动应用的完整性有信心。

企业应用商店结合了通信和互联网的优势服务平台,可以大幅度地减少企业移动应用的运营成本。同时,企业应用商店是为企业级移动应运而生,用户群体以行业从业者和企业用户为主,用户查找企业应用的目标更强,安装使用的忠诚度更高。企业应用商店以行业和功能为主要分类方式,所有上架软件均通过机器测评和人工审核,且要求上传者对上传应用拥有知识产权和运营推广的权利,既可以保护企业利益,又可以保护用户使用应用的安全性。

1. 应用市场机制

应用市场体系由一个应用下载平台和一个终端客户端组成,为支持开发者的应用开发工作和应用作品上传等,通常还包括一个开发者社区。应用市场是保障应用内容和分发安全的重要手段,系统厂商和终端厂商建立基于应用商店的安全体制,以提高应用的安全性。应用商店会对上架应用进行审核,以确保应用在内容保护、版权、收费、安全性、功能性等方面不存在安全问题。通用的应用审核机制包括如下几方面。

(1) 签名审查。支持证书签名的商店会对开发者的应用签名进行审查,以保证应用来源的合法性。

(2) 内容审查。保证应用不违反当前法律、法规的各项要求,检查应用内容是否涉嫌侵权等。

(3) 应用收费情况检查。检查应用的收费点、价格、收费方式等,保障用户的消费安全。

(4) 安全性检查。检查应用是否有木马、病毒等安全风险。

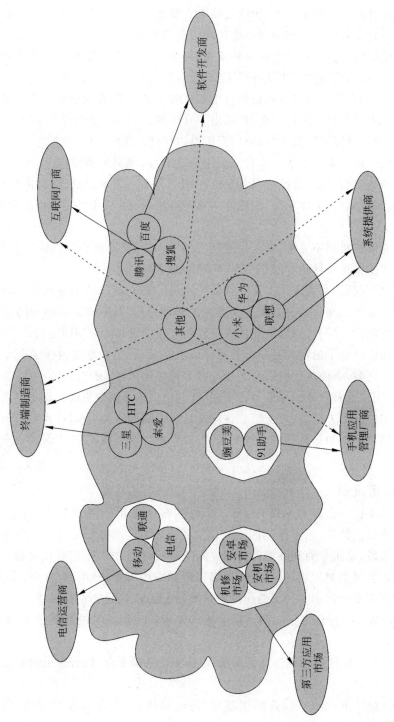

图 5-1　移动应用商店

（5）功能性检查。依照开发者说明书对应用进行测试，验证应用的功能是否达到设计要求。

审核方式一般采用系统自动扫描和人工测试相结合的方式。

严格的应用审核及应用分发过程管理构成了应用商店安全管理机制，不同的应用商店在具体使用的安全措施上稍有不同。

应用商店对应用上架需要进行严格的审核，其审核流程如图 5-2 所示。

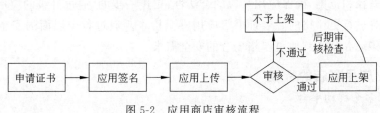

图 5-2　应用商店审核流程

应用市场要求每一个发布的应用都经过数字证书签名，这个数字证书用来标识应用程序的作者以及在应用程序之间建立信任关系，它只是用来让应用程序包自我认证，Android 系统将在应用安装前检查数字证书。Android 签名证书不需要权威的证书签名机构认证，可以使用自签名证书（Self-Signed Certificate，SSL）。对于没有得到安卓认可的证书颁发机构颁发的证书或者是自签名证书，Android 系统在应用安装时会给出安全提示。

Android 应用的数字证书包含用户的公钥、用户个人信息、证书颁发机构信息、证书有效期等信息以及证书签名。数字证书用来标识应用程序的作者及在应用程序之间建立信任关系，而不是用来决定最终用户可以安装哪些应用程序。

在应用签名后，应用市场对应用程序进行审核，审核通过则上架，不通过则不允许上架。上架的应用也会进行后期审核检查，以保证应用程序具有持续性安全保障。

2. 可信应用和可信应用商店

智能终端和应用发展迅猛的背后，是移动应用开发水平的良莠不齐和安全程度无保障，网络攻击、信息窃取、网络谣言、隐私窃取、病毒传播等安全事件对个人和社会信息安全危害极大。虽然有大量的官方和第三方应用商店为应用审核和应用分发做出了大量工作，但极大的应用规模导致应用无法满足不同层次的安全需求。由此衍生出可信应用和可信应用商店的概念。

可信应用商店，即为手机用户提供经认证的安全可靠、种类丰富的 App 收集应用，与目前市场上的众多移动应用商店不同，可信应用商店是全程验证 App 应用的商店。对开发者账户的备案采用实名制的方式，商店发布的应用要通过严格、正式的资质审查，从而在源头上确保每一个开发者的可靠和每一个应用的安全。而对于用户上传的应用，可信应用商店要进行多种安全检测及风险评估，任何版本的更新也都需要再次经过安全检测。通过检测过程的严格把关，可信应用商店中的 App 都来源可信、安装可信、使用可信，从而为用户的安全、绿色下载提供有力保障。

可信应用商店通过建立实名认证机制，完善安全检测技术，为用户提供安全下载，为运营开发者提供应用维护平台,为主管部门提供可溯源的应用备案,为建立规范有序的移动应用市场而努力。行业走向正规化乃是大势所趋,可信应用商店的做法符合企业、消费者、开发者以及市场和行业的整体利益,诸多第三方应用商店也在其力所能及的范围内提高了对应用的安全性检查的投入。

狭义的可信应用商店,指为满足特定移动办公需求的定制化应用商店。应用的定制化开发的功能测试和安全测试,提高了应用的安全性;应用商店的定制化,可以严格控制应用分发的途径和范围,确保应用来源的合法性;更进一步的,通过升级的应用安装工具,在应用安装时进行更严格的签名证书等应用安全检查。通过各个层面的安全强化管理,满足企业级移动办公或其他更严格场合的安全需求。

3. 企业应用商店的特征

1) 支持多个移动平台

无论是苹果 iOS 还是 Android 操作系统都应该得到支持。

2) 浏览器和本地应用支持

企业应用市场允许应用程序从浏览器通过网址或者通过企业市场应用程序下载到设备中。

3) 安全保护

将应用商店与企业单点登录或者身份管理系统以及 MDM(移动设备管理)解决方案整合在一起,这样,应用程序下载将会位于安全的 SSL(HTTPS)或者安全的 VPN 通道上。应用程序不应该允许通过不安全网络连接的下载。

4) 访问控制

只有被授权的用户才能够下载和安装一个应用程序。授权可以通过受用户、角色和指定组授权驱动的服务器端 ACL(访问控制列表)来实现。例如,在建筑物和设施管理部门工作的员工不应该被允许下载用于销售业务的移动应用程序。

5) 推送通知

管理员应该能够使用受支持移动平台的推送功能来发送通知。这些通知提醒用户其设备上安装的应用程序已经可以安装更新。

6) OTA 自动更新功能

Android 和 iOS 都可以支持 OTA(通过无线方式自动更新)来更新现有的应用程序、安装补丁和其他相关的修复程序。企业应用商店应该包括将更新推送到设备的功能,通过设备的通知系统来通知用户。

7) 设备登记和管理

企业应用商店应该包括用户、设备和应用程序的数据库,这可以通过使用 MDM 软件并将其整合到应用商店来实现。在企业中,一个用户可能拥有多个移动设备,同样地,设备可能由不同的用户来使用,每个用户有不同的账户和配置文件。

8) 管理控制台、集中管理和控制

易于使用基于 Web 的管理控制台是一个非常重要的功能,允许管理员批准新的应用程序或者对现有程序进行更新,而且还可以让管理员在必要的时候删除、保存应用程序。

9）识别恶意代码

恶意软件是公共应用商店存在的一个大问题，企业应用商店同样可能受到这些恶意软件的攻击，例如，来自员工的内部攻击，或者来自与内部企业应用程序捆绑的第三方软件和服务包。应用商店应该提供方法来识别、阻止和删除不符合企业行为守则的应用程序。

10）发布过程

提交、批准和撤销应用程序应该有一个明确和简单的过程，应该制定一套明确的指导方针来指导应用程序的审批，还应该对企业的最佳做法、政策和设计指导方针进行验证和执行。

企业管理中心建立了一个专用的工作区空间，用于生成企业私有的应用市场，该市场不仅很好地规范了企业移动设备应用的下载和使用，保证了应用的安全性，而且提高了管理员统一管理企业移动应用的效率。

提供安全的企业应用市场，上传、下发、升级、编辑企业应用流畅灵活，同时提供应用安装统计、应用黑白名单、静默安装卸载等功能，满足企业不同维度的需求。

5.1.2 应用封装保护

移动应用正在深刻地改变着企业管理移动设备的方式。如今，企业的重点不再是如何保障设备自身的安全，而是保障设备上应用程序的安全。

早期的 MAM 产品面临着障碍。对于很多 IT 部门而言，未封装的应用以及增加安全和管理层仍然充满挑战。并且，来自企业和供应商的集装式应用的质量可能比不上苹果 iOS 和谷歌 Android 用户在传统应用商店习惯使用的产品。应用封装是修改移动应用二进制来提高其安全和管理功能的做法，它在 MAM 中发挥重要的作用。通过在新的容器化程序（内置所需的应用级 MAM 功能）中封装应用，应用封装对移动应用构建了管理层。这个过程不需要对底层应用有任何改变，它需要访问应用二进制，但它让管理员仍然能够设置特定政策元素，例如，是否需要用户身份验证、是否在默认情况下启用数据加密以及与应用有关的数据是否存在设备共享。当设备缺乏足够的设备级 MAM 功能（例如不同的 Android 手机和平板电脑）时，这是很有用的方法。并且，在无法使用 MDM 产品管理设备时，应用封装也是有效的工具，这种情况 BYOD 环境很常见，因为其中涉及很多承包商和其他第三方用户。

应用程序封装是将管理应用到移动应用的过程，它并不要求对底层的应用进行任何变更。应用封装方法允许移动应用管理员设置可应用到一个或一组应用的策略要素。策略要素可以包括如下类似的内容：某个特定的应用程序是否要求用户身份验证，与应用程序相关的数据是否可以存储到设备上，或者是否允许特定的 API（如复制和粘贴或文件共享）等。

应用程序的封装是指给一个独立的应用程序增加一个安全层和管理功能。从移动设备管理（MDM）或企业移动管理（EMM）厂商的观点来看，应用程序的封装可以确保企业内部开发的应用程序与 EMM 方案正确地交互。这就要求对应用程序原始代码的访问，而应用程序的封装过程要自动地增加需要提升管理和安全性的代码。

应用封装主要用于那些为内部使用而开发其自己的应用程序的企业,这些企业需要以一种半自动化的方式对应用程序实施额外的控制。

封装方法可以将更广泛的策略应用到正在部署的应用程序中,将策略控制和数据保护应用到应用程序而不是在设备上将成为未来移动管理的方向。

5.1.3　应用安装统计

应用安装统计是企业移动终端管理员一个重要的工具,可以让管理员纵览应用的安装情况,提供图表和表格,对每款应用的安装历史进行详细统计,并且包括 Android 平台版本、设备种类、用户国家、用户语言等关键指数。应用程序的统计还可以供管理员查看应用的安装量、卸载量、评分、收入和崩溃数据。

通过有效收集、整理与产品质量有关的数据信息,运用数理统计,对移动应用安装进行监控,对移动应用安装的变化做好分析,对可能出现的问题做出提前的准备。统计终端设备上的所有已经安装的应用程序,方便管理员跟踪、监控、管理,及时发现应用中的威胁因素。

统计方法作为一种为决策提供依据的工具,可以帮助企业进行数据分析,了解产品质量状态的分布情况,找出问题、缺陷及原因,有针对性地采取措施,提高产品和服务的质量。

通过建立企业应用市场以搭建一个安全、统一、便捷的应用下发通道,不仅很好地规范了企业移动设备应用的下载和使用,保证了应用的安全性,而且提高了管理员统一管理企业移动应用的效率。

为了保证企业移动应用的安全性,采用了应用封装技术,对上传到企业应用市场的应用进行封装处理,保证工作区内使用的移动应用安全可靠,对应用安装的情况也可进行统计查看。

5.1.4　应用黑白名单

应用黑白名单策略,可限制黑名单内的指定应用的安装和使用,或限制除白名单外的指定应用的安装和使用。

应用黑白名单策略可以有效控制用户使用不合规应用。应用黑名单:指不允许用户使用的应用;应用白名单:指允许用户安装的应用,设定应用黑白名单后,对于不允许使用的应用,用户打开应用后会弹出拦截页面,用户无法使用,同时,若用户安装了不允许使用的应用会执行预先设定的动作,如锁定工作区。

应用白名单方案,思想非常简单,即"非白即黑",所有不是系统认可的都不允许在系统中运行。这种方法在防止未知恶意软件和攻击时(特别是 0day 攻击)很有效,被认为是一种主动的防御方法;不过其管理控制太严,而且白名单本身也会遭到攻击。

在计算机安全中,黑名单策略是一种防止已知恶意程序运行或者防止已知应用程序安装运行的简单有效的方法。更新黑名单可以快速通过更新服务器来实现,大多数防病毒程序使用黑名单技术来阻止已知威胁。

黑名单技术只在某些应用中能够发挥良好作用,前提是黑名单内容的准确性和完整性。黑名单的一个问题就是，它只能抵御已知的有害的程序和发送者，不能够抵御新威胁，对进入网络的流量进行扫描并将其与黑名单对比还可能浪费相当多的资源以及降低网络流量。

白名单技术的宗旨是不阻止某些特定的事物，它采取了与黑名单相反的做法，利用一份"已知为良好"的实体（程序、域名、网址）名单，以下是白名单技术的优点。

没有必要运行必须不断更新的防病毒软件，任何不在名单上的事物将被阻止运行；系统能够免受 0day 攻击。用户不能够运行不在名单上的未经授权的程序，所以不必担心用户有意或无意地安装可执行的有害程序、浪费时间的个人程序（例如游戏和 P2P 程序），或者未经授权的软件。白名单技术十分简单，给予管理员和公司较大的权利来控制能够进入网络或者在机器上运行的程序，除了名单上的实体外都不能运行或者通过。

白名单技术的缺点则是，不在名单上的实体都不能运行和通过。可见，优点也是缺点。

当单独使用白名单技术的时候，它能够非常有效地阻止恶意软件，但是同样也会阻止合法代码的运行通过。在典型的商业设置中，白名单能有效控制允许在某台机器上运行的可执行文件。采用白名单技术能够减轻管理员的负担，知道哪些程序能够在网络中运行。

在移动应用管理系统中，管理员对终端应用有绝对的管理权限，支持对安卓和 iOS 两种操作系统的应用下发，并可实施安全策略管理，可强制安装、强制卸载终端应用，并可设置应用黑白名单，黑名单中的应用不能安装，白名单中的应用必须安装并且不能卸载。

5.2　移动应用安全需求

移动互联网安全问题成为当今企业关注的焦点。如何应对各种网络安全事件，把网络安全风险降到最低，成为各大安全企业和攻击者之间的较量。

5.2.1　移动安全现状

Android 平台拥有广泛的用户群体，同时作为开源的操作系统，安全问题是最突出的，越来越多的手机病毒进入人们的视线。

长期以来，国内移动安全关注点较多聚焦于恶意应用，随着相关管理部门综合治理及国内安全检测技术、标准日趋成熟，针对恶意应用的安全对抗体系逐步建立，安全风险得到部分控制。移动应用开发环节引入的漏洞等问题被广泛利用，导致各类安全威胁日益增多且未能得到有效控制，成为移动应用安全最为脆弱的地方。移动开发环节引入的安全问题不断升级演变。

移动应用安全威胁呈愈演愈烈之势。一是威胁攻击手段持续进化，更具针对性的隐私大数据攻击模式显现。移动应用黑色产业链迅猛发展，将积累的数据与移动平台隐私信息进行大数据关联分析，深入建立受害者档案画像，对目标进行针对性攻击。二是移动应用尚处安全防护空窗期，漏洞潜在威胁攻击面持续扩大。一方面，移动智能终端缺少传统信息系统安全防护机制和安全产品；另一方面，用户安全意识也普遍比较薄弱，恶意攻击者将利用此防护空窗期发起更多攻击。

在移动互联网的环境下，企业需要在 App 开发过程中提高安全要求，最大限度地减少应用安全漏洞，同时强化应用安全防御技术。作为和用户日渐联系密切的工具，做好安全保护才能获得用户的信任。

目前数字化转型大潮席卷各个行业，云端化和移动化成为政企应用的趋势。据统计，目前的移动入网终端数量高达 65 亿部。大量丰富的移动应用在提升效率和便利的同时，隐藏着巨大的安全风险。根据国内第三方移动应用安全检测机构的统计，在其检测的 279 760 个应用中，发现了高达 5 209 410 个安全风险，平均每个移动应用有 18 个安全问题。

常见的智能手机安全威胁主要包括：盗版应用、恶意代码威胁（木马）、应用程序中的隐蔽功能威胁、隐通道和安全漏洞/后门威胁、特殊功能和特定服务中的威胁以及针对相关基础设施的威胁和针对数据内容的其他攻击威胁。

在盗版应用方面，根据安全公司手机应用盗版情况调研报告显示，通过对 10 305 款正版 App 进行研究发现，在互联网上存在着 954 986 个盗版 App。一般情况下，下载量低于 10 万的 App 只有二三十个盗版跟随，当正版 App 下载量超过 1000 万次后，各种盗版 App 就会蜂拥而上，数量便会几何倍数增长。一款下载量超过 5000 万的 App，市场上就会出现至少 700 种各式各样的山寨货。

报告统计发现，系统工具和便捷生活 App 盗版数量最多，分别占总体盗版软件的 27% 和 20%，其次为影音视听（12%）和通信社交（10%）。每款系统工具类 App 对应的盗版数量达到 324 款，其中用户最熟知的"Wi-Fi 万能钥匙"盗版数量达 3336 个。

此外，在游戏软件中，大众最为喜欢的休闲益智类游戏盗版数量最多，占总体盗版游戏总数的 44%，其次为跑酷竞速类占比 15%，解谜冒险类占比 12%。植入木马、病毒成为恶意盗版经常使用的手段，用户一旦安装这类 App，轻则会被垃圾信息和广告骚扰，重则会导致隐私信息泄露、恶意扣费、流量损失等危害。

对调研发现的 127 011 个恶意盗版 App 进行特征分析，其中，木马类盗版应用占比最高，为 71%，其次是广告类占比 26%。

木马类盗版 App 恶意扣费行为，占比 28%，该种恶意盗版 App 会在未经用户允许的情况下，私自发送短信和扣费指令，对用户的手机资费造成损失；再次是资费消耗行为，占比 26%。该种恶意盗版 App 会在用户不知情或未授权的情况下，通过自动拨打电话、发送短信、彩信、邮件、频繁连接网络等方式，导致用户资费的损失。

盗版应用一般都会使用"二次打包"。"二次打包"是对移动应用进行破解、再篡改或插入恶意代码，最后生成一个新应用的过程。通常攻击当前比较流行的 App 进行二次打包，这些 App 拥有大量的用户集群，通过插入广告、木马、病毒的方式窃取用户隐私、吸资扣费、耗费流量成功的可能性大。从外观上看，二次打包后的盗版 App 与正版 App 完全相同，用户肉眼无法区别。一旦安装了"二次打包"的软件，手机用户就会遭遇频繁的广告骚扰和流量损失。

在管理层面上，移动智能相关法律法规滞后，行业对移动智能安全相关的风险认识不足,过分重视超前概念和业务而忽视基础安全设施;在技术层面,移动应用开发组织没有将信息安全列入软件全生命周期,复杂业务逻辑处理不当,对集成功能模块把关不严格,甚至个别开发者为某些商业利益故意收集信息等。上述各种原因,导致移动应用中会存在缺陷、漏洞或者留有后门。再加上像安卓市场这样的应用平台门槛较低,没有权威发布机构,并且审核不够严格,导致许多具有恶意行为的应用出现在用户的手机上,如果威胁到移动支付、邮箱等,就会给用户造成很大的损失。此外,智能手机病毒也是不容忽视的威胁,病毒感染到手机后,会以不被察觉的形式来使用手机的一切功能。

5.2.2　恶意应用的分类

Android 应用软件安全风险按恶意行为分类,主要有恶意扣费、远程控制、窃取隐私、恶意传播、资费消耗、流氓行为、系统破坏、诱骗欺诈 8 种。

1. 流氓行为

根据通信行业标准 YD/T 2439—2012《移动互联网恶意程序描述格式》,对于执行后对系统没有直接损害,也不对用户个人信息、资费造成侵害的其他恶意行为称为流氓行为。一般流氓行为间接对用户手机造成影响,使用户不能方便地使用手机,给用户手机带来安全隐患,主要有以下表现。

（1）自动弹出广告信息。

（2）不断提示用户安装其他应用。

2. 恶意传播

恶意传播类程序是指在用户不知情或未授权的情况下,通过复制、感染、投递下载等方式将自身、自身的衍生物或其他移动互联网恶意代码进行扩散的程序,主要有以下表现。

（1）发送包含恶意代码链接的短信、彩信、邮件等。

（2）利用蓝牙、红外、无线网络通信技术向其他移动终端发送恶意代码。

（3）下载恶意代码、感染其他文件,向存储卡等移动存储设备上复制恶意代码。

有些 App 在安装时,会获得完全的网络权限,同时可以在用户不知情的情况下发送电子邮件等权限,如果此 App 是一个恶意传播 App,那么它就可以在用户不知情的情况下,通过发送邮件等方式进行恶意代码传播。恶意软件结构如图 5-3 所示。

3. 远程控制

与传统恶意代码固定、静态的威胁特征不同,远程控制类程序的威胁是可变的、动态的。感染该类恶意代码后,会在后台自动连接上对应的服务,等待攻击者发送指令实施攻击,其与传统恶意代码不同的特点是可以通过一整套不同的指令实施各种不同的攻击,如获取用户位置、恶意扣费或窃取隐私,主要有以下表现。

（1）由控制端主动发出指令进行远程控制。

（2）由受控端主动向控制端请求指令。

4. 恶意扣费

恶意扣费类程序的显著特征是感染后会在系统后台执行扣费操作,具体可通过定制

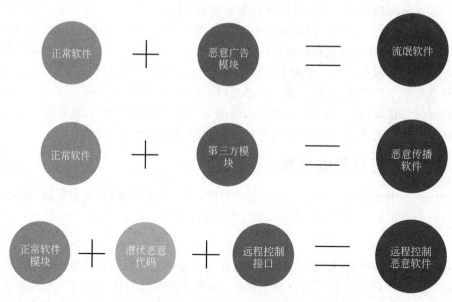

图 5-3 恶意软件结构

服务提供商业务、自动发送短信或彩信、自动拨打电话或自动联网耗流的方式进行,能对用户造成巨大的经济损失,主要有以下表现。

(1)自动订购移动增值业务。

(2)自动利用手机支付功能进行消费。

(3)直接扣除用户资费。

(4)自动订购各类收费业务。

5. 隐私窃取

隐私窃取类程序是在用户不知情或未授权的情况下,获取涉及个人信息、工作信息或其他非公开信息的一类应用程序,其主要目的在于窃取用户的个人信息、手机信息及SIM 卡信息等,上传到指定服务器并转卖给黑色链条下游。除了给用户造成一定的经济损失外,更重要的是对用户的个人隐私、名誉权,甚至人身财产安全造成了严重威胁。隐私窃取一般通过窃取通话信息记录和通讯录、窃取行踪、窃听通信、盗取手机或 SIM 卡信息甚至私自调用摄像头拍照等手段进行,主要有以下表现。

(1)获取短信、彩信、邮件以及通话记录等内容。

(2)获取地理位置、手机号码等信息。

(3)获取本机已安装软件、各类账号、各类密码等信息。

6. 资费消耗

与恶意扣费类应用程序类似,资费消耗类恶意应用是指在用户不知情或未授权的情况下,通过自动拨打电话、发送短信、彩信邮件、频繁连接网络等方式,导致用户资费损失的一类应用程序,主要有以下表现。

(1)自动发送短信、彩信、邮件。

（2）自动连接网络，产生网络流量。

7. 系统破坏

流氓软件类程序最显著的特征是强行安装和难以卸载，即使用户拒绝安装，它也能通过某些方法在后台自动安装，并且即使卸载后也能通过复位安装等方法恢复运行，通常在安装后它会向 SD 卡中写入数据，并试图改变 SD 卡属性为只读，使得用户无法正常删除。驱动编写流氓软件的动力主要是弹出广告和捆绑安装其他不明软件的方式，强行推广商业产品。除了给用户造成困扰外，捆绑安装的软件通常都是粗制滥造的产品，本身极不稳定，甚至被嵌入了其他的恶意代码，对用户构成了另一重威胁，主要有以下表现：未经用户提示，私自在后台安装其他应用，对系统进行破坏。

8. 诱骗欺诈

诱骗欺诈类程序的编写目的在于通过诈骗直接获取经济利益，对用户威胁极大。该类程序安装后通常向所有联系人发送包含银行汇款账号等内容的虚假求助信息或是在手机收件箱中伪造未读短信。具体内容可伪装为中奖、求助、银行或电信等部门的通知等行为进行诈骗，主要有以下表现。

（1）监听系统状态。

（2）自动运行并发送伪造的信息。

5.2.3　可采用的措施

据网络安全专家分析，目前移动应用开发和黑色产业之间存在严重的不对等。由于大多数移动应用开发者缺乏应用安全攻防经验以及相应攻防工具，投入到应用安全攻防中的精力和时间非常有限，因此导致大部分移动应用存在或多或少的安全漏洞。黑色产业则具有专业的应用攻防能力和各种先进工具手段，以及 100% 的精力投入和完整的产业结构和分工。因此应采取有效措施，加快 App 应用产品供应链安全审查。

《网络安全法》实施后，国家对移动应用安全合规日渐重视，企业面临保护敏感数据和盗版仿冒防护的压力，因此对移动应用的安全提出了更高要求。综合来说，移动应用安全面临三大核心需求：业务性安全需求、防护性安全需求和合规性安全需求。

移动终端应用安全管理系统可以满足以上需求，为政企单位的移动应用提供安全保障。移动终端应用安全管理系统，需要提供移动应用安全开发套件，具备安全检测、安全加固等核心功能模块，分别提供清场反病毒、Root 检测、数据加密，以及开发漏洞扫描、组件漏洞扫描、应用完整性保护、内存截取防护、内存扫描篡改防护等服务，可以有效保障移动应用安全。

5.3　App 安全检测

在当下互联网时代，手机移动端的普及已经是非常普遍的事情，同时 App 风险漏洞也逐渐暴露出来。

5.3.1 App 安全检测原因

移动 App 的生态链主要包括智能终端、应用商城和移动 App 本身,所以移动 App 安全问题的根源也来自于这三个环节。究其原因,主要有以下几方面。

1. 简单的应用市场安全审查

Google Play 在国内使用不方便,因此催生出大量第三方安卓市场,其中大部分安卓市场对上线的移动 App 审查不严,导致大量仿冒盗版、二次打包等恶意应用上线。同时,由于安卓生态圈的开放性,各种论坛也是移动 App 传播的重要途径,论坛的审核机制相对于应用商城更加薄弱。

2. 有限的系统级安全监测

安卓系统是开源的,其系统权限把控不严,移动 App 上线时一般都拥有大部分的系统权限,如果智能终端的系统是 Root 的,那么系统权限更多更核心。系统权限的过度开放对用户隐私保护、恶意行为防范等方面造成很大风险。

3. 粗度的应用安全机制

移动互联网发展快速,企业为了紧跟市场的脚步,主要关注的是移动 App 的开发速度和需求实现,而忽略了移动 App 的安全性。大量移动 App 在功能实现后,直接在应用商城上线,未对移动 App 采取代码混淆、加固等安全保护措施,这样不法分子能够很简单地将移动 App 进行破解和二次打包。

而 App 应用自身的安全问题一般来自于以下几个方面。

(1)设计上的缺陷。

① 缺乏有效的防御机制。例如,App 登录系统时,用户输入用户名/密码就可以登录并没有启用验证码校验机制。攻击者可以对系统的用户登录密码进行暴力破解攻击。

② 使用错误的防御机制。例如,App 登录系统时使用了验证码校验机制,但只是在 App 客户端验证码输入做了校验,而后端没有对提交的验证码做校验,导致攻击者可以通过网络抓包篡改的方式对用户的登录密码进行暴力破解。

(2)开发过程导致的问题。例如,为了加快 App 开发的速度,开发人员会使用第三方代码库实现应用功能。然而第三方代码存在着很大的安全隐患,如 OpenSSL 中出现的心脏滴血漏洞(Heartbleed)、GNU Bash 出现的破壳漏洞(Shellshock)等。源代码存在的安全问题会导致 App 应用面临严重的安全威胁。

(3)配置部署导致的问题。例如,客户在使用 Tomcat 部署应用系统,但忘记删除 Tomcat 管理控制台,Tomcat 管理控制台又是默认的账号和密码(如 admin/123456),攻击者可以很容易猜到账号/密码,登录 Tomcat 管理控制台,直接给应用服务器装木马,控制服务器。

面对纷乱复杂的 Android 环境,只能提高 Android 应用程序自身的安全保护能力,因此及时的应用程序安全检测是十分必要的。

5.3.2　App 应用程序漏洞安全检测技术

移动 Android App 安全评估流程如图 5-4 所示。可以看出,在获取应用程序 APK 之后,首先需要验证其是否加壳/加密,对于未加密/加壳的 APK 进一步进行静态分析、动态分析以及人工分析。其中,动态分析过程中,需要先对 APK 进行反编译,然后进行敏感信息、内外部组件、程序签名等安全要素的检测工作。对于已加壳的 APK,首先进行厂商识别工作,识别后进行厂商安全数据分析,最终输出评估报告。

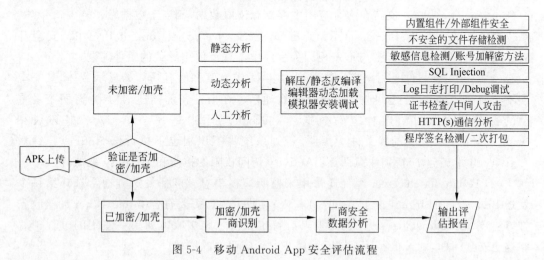

图 5-4　移动 Android App 安全评估流程

1. 静态检测

静态检测主要通过检测工具对 App 应用程序的权限配置、程序代码进行检测。最常用的方法就是反编译,dex2jar 和 apktool 分别代表两种反编译方式,dex2jar 反编译出 Java 源代码,apk tool 反编译出来的是 Java 汇编代码。

通过静态反编译可以分析 App 应用程序组件的配置与权限,检查 App 代码的安全性。同时,通过对源码的分析了解 App 加密机制和数据存储位置。采用静态反编译方法对 App 应用程序进行安全检测可以最大限度地对 App 的安全性进行分析。

2. 动态检测

除了静态对 App 应用程序进行检测外,由于检测内容和 App 自身安全加固的问题还可以利用动态方式对 App 应用程序进行安全检测。

1) brupsuite

利用 brupsuite 工具设置代理服务器,可以对 App 应用程序中的 HTTP 内容进行检测和分析,利用这种方法可以检测 App 是否采用加密传输机制、登录重放攻击等安全检测。

2) IDA Pro

从 IDA Pro 6.1 版本开始,支持动态调试 Android 原生程序。调试一般的 Android 原生程序可以采用远程运行与远程附加两种方式。

采用动态调试的方法可以对一些采用了加壳技术的 App 程序进行检测,这样可以发现嵌入 App 应用程序中的恶意程序,是一种比较深入的安全检测方式。

5.3.3　App 应用程序安全检测内容

1. 组件安全检测

Android 开发四大组件分别是:活动(Activity),用于展示功能;服务(Service),后台运行服务,不提供界面呈现;广播接收器(Broadcast Receiver),用于接收广播;内容提供商(Content Provider),支持在多个应用中存储和读取数据,相当于数据库。

对 Activity 安全、Broadcast Receiver 安全、Service 安全、Content Provider 安全和 WebView 的规范使用检测分析,发现因为程序中不规范使用导致的组件漏洞。

(1) Activity 组件是用户唯一能看见的组件,作为软件所有功能的显示载体,其安全性不言而喻。Activity 之间通过 Intent 进行通信。在 Intent 的描述结构中,有两个最重要的部分:动作和动作对应的数据。Android 应用中每一个 Activity 都必须在 AndroidManifest.xml 配置文件中声明,否则系统将不识别也不执行该 Activity。针对 Activity 组件安全,应特别注意两点:Activity 访问权限的控制和 Activity 被劫持。

(2) Broadcast Receiver 组件通常用来监听广播消息。广播发送方通常选择给每个发送 Broadcast 的 Intent 授予 Android 权限;接收方不但需要符合 Intent Filter 的接收条件,还要求 Broadcast Receiver 也必须具有特定权限才能接收。如果在使用的过程中忽略这个安全问题,别人很容易通过反编译获取到应用中的广播。

(3) Service 组件执行的操作比较敏感,如更新数据库、提供事件通知等,因此一定要确保访问 Service 的组件具有一定权限。导出的 Service 组件可以被第三方 App 任意调用,导致敏感信息泄露,并可能受到权限提升、拒绝服务等攻击风险。

(4) Content Provider 组件是 Android 应用的重要组件之一,管理对数据的访问,主要用于不同的应用程序之间实现数据共享的功能。Content Provider 的数据源不仅包括 SQLite 数据库,还可以是文件数据。通过将数据存储层和应用层分离,Content Provider 为各种数据源提供了一个通用的接口。如果在 AndroidManifest 文件中将某个 Content Provider 的 exported 属性设置为 true,则多了一个攻击该 App 的攻击点。如果此 Content Provider 的实现有问题,则可能产生任意数据访问、SQL 注入、目录遍历等风险。

(5) WebView 能加载显示网页,可以将其视为一个浏览器,它使用了 WebKit 渲染引擎加载显示网页。

2. 代码安全检测

对代码混淆、Dex 保护、SO 保护、资源文件保护以及第三方加载库的代码的安全处理进行检测分析,发现代码被反编译和破解的漏洞。

3. 内存安全检测

对 App 运行过程中的内存处理和保护机制进行检测分析,发现是否存在被修改和破坏的漏洞风险。

4. 数据安全检测

对数据输入、数据存储、存储数据类别、数据访问控制、敏感数据加密、内存数据安全、数据传输、证书验证、远程数据通信加密、数据传输完整性、本地数据通信安全、会话安全、数据输出、调试信息、敏感信息显示等过程进行漏洞检测，发现数据存储和处理过程中被非法调用、传输和窃取的漏洞。

5. 业务安全检测

对用户登录、密码管理、支付安全、身份认证、超时设置、异常处理等进行检测分析，发现业务处理过程中的潜在漏洞。

6. 应用管理检测

下载安装：检测是否有安全的应用发布渠道供用户下载，检测各应用市场是否存在二次打包的恶意应用。

应用卸载：检测应用卸载是否清除完全，是否残留数据。

版本升级：检测是否具备在线版本检测、升级功能。检测升级过程是否会被第三方劫持、欺骗等。

5.3.4 App 安全检测概述

App 安全检测服务提供 App 开发人员对 App 的检测服务。移动应用检测服务检测覆盖范围非常全面，如图 5-5 所示，包括 App 中的客户端安全程序检测、应用程序敏感信息检测、组件安全检测、安全策略检测、进程安全检测，同时还对 App 的网络通信安全进行检测，为企业用户提供一个全面的安全保护。

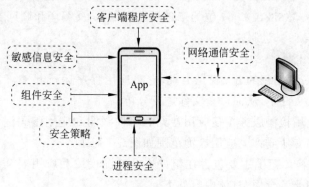

图 5-5　移动应用检测范围

移动应用检测服务检测技术路线如图 5-6 所示，通过工具反编译移动客户端，并对移动客户端的配置文件及源码进行分析，可以快速发现如程序数据任意备份、程序可被任意调试、远程代码执行、中间人攻击等漏洞。

为了完成以上检测工作，移动应用检测服务模块中集成了以下工具。

（1）集成反编译工具。

• Apktool。能够反编译及回编译 APK，同时安装反编译系统 APK 所需要的

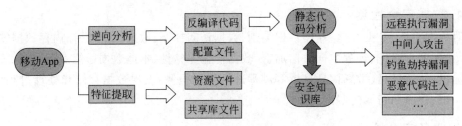

图 5-6　移动应用检测服务检测技术路线

framework-res 框架,清理上次反编译文件夹等。

- dex2jar。将 Android 的.dex 文件转换成 Java 的.class 文件的转换工具,然后可以用一系列的 Java 分析工具去分析 Android 应用。
- enjarify。dex2jar 的替代方案,考虑到尽可能多的情况,能处理 Unicode 编码的类名、常量,隐式类型转换,处理流程中的移除处理。

(2) 集成分析工具。

- IDA。静态反编译软件,是一款交互式、可编程、可扩展、多处理器的逆向工程利器。可反编译 dex 及 so 文件,查看调用关系、执行流程。
- JD-GUI。显示".class"文件 Java 代码的图形工具,可以浏览和重建源代码的即时访问方法和字段,以代码高度方式来显示反编译代码。
- jadx。JD-GUI 的替代方案,相比 JD-GUI 可以直接反编译出.java 文件;看源代码时直接显示资源名称,而不是像 JD-GUI 里显示资源 ID。
- Jeb。用于审计 APK 文件,可以提高工程师分析效率。能够查看 APK 签名信息、反编译 Smali 代码以及对应的 Java 代码、检查交叉引用等。
- Hopper。一款 32 位和 64 位的二进制反汇编器,反编译和调试工具。可以使用此工具拆开任何二进制文件。

(3) 集成脱壳工具。

dumpdecrypted:出色的 ipa 脱壳工具,它将应用程序运行起来,然后将内存中的解密结果 dump 写入文件中,从而对新文件进行分析。

企业级移动应用检测服务覆盖应用常见的组件漏洞和应用编码漏洞,可以全方位地对应用安全性给出专业测评。应用检测范围如图 5-7 所示。

图 5-7 所示的检测范围主要包含在组件安全检测模块和应用安全检测模块中,这两个模块检测的范围非常全面,具体内容如下。

(1) 组件安全监测。

- Activity 越权检测。针对 Activity 进行静态分析并构造畸形数据进行攻击测试,检测是否存在会导致敏感信息泄露或包含敏感操作的导出组件。
- Activity 拒绝服务检测。针对 Activity 进行静态分析并构造畸形数据进行攻击测试,检测是否存在会导致拒绝服务的导出组件。
- Activity 劫持保护检测。使用劫持工具对 AP 进行劫持,检测移动应用是否包含劫持风险。

图 5-7　应用检测范围

- Service 越权检测。针对 Service 进行静态分析，并构造畸形数据进行动态攻击测试。检测是否存在会导致敏感信息泄露或包含敏感操作的导出组件。
- Service 拒绝服务检测。针对 Service 进行静态分析，并构造畸形数据进行动态攻击测试。检测是否存在会导致拒绝服务的导出组件。
- Receiver 越权检测。针对 Broadcast Receiver 进行静态分析，并构造畸形数据进行动态攻击测试。检测是否存在会导致敏感信息泄露或包含敏感操作的导出组件。
- Receiver 拒绝服务检测。对 Broadcast Receiver 进行静态分析，并构造畸形数据进行动态攻击测试。检测是否存在会导致拒绝服务的导出组件。
- Provider SQL 注入检测。对 Content Provider 的实现进行静态分析，对数据库进行核查。检测是否存在字符串拼接以及采用原始查询语句等高风险行为。
- Provider 目录遍历检测。对 Content Provider 的实现进行静态分析，对实现的函数进行核查。检测是否对传入参数进行合法性验证，避免出现目录遍历漏洞。
- WebView 代码执行检测。对 WebView 组件进行安全检查，检测是否使用了 addJavascriptInterface 高风险 API。
- WebView 未移除接口检测。检测 App 中的 WebView 组件是否移除包含高风险的系统内部接口。

（2）应用安全检测。

- SSL 通信服务端信任任意证书漏洞检测。自定义 SSL x509 TrustManager，重写 checkServerTrusted 方法，方法内不做任何服务端的证书校验。黑客可以使用中间人攻击获取加密内容。
- SSL 通信客户端信任任意证书漏洞检测。自定义 SSL x509 TrustManager，重写 checkClientTrusted 方法，方法内不做任何服务端的证书校验。黑客可以使用中间人攻击获取加密内容。
- HTTPS 关闭主机名验证漏洞检测。构造 HttpClient 时，设置 HostnameVerifier

时参数使用 ALLOW_ALL_HOSTNAME_VERIFIER 或空的 HostnameVerifier。关闭主机名校验可以导致黑客使用中间人攻击获取加密内容。

- 隐式意图调用漏洞检测。封装 Intent 时采用隐式设置,只设定 action,未限定具体的接收对象,导致 Intent 可被其他应用获取并读取其中数据。Intent 隐式调用发送的意图可能被第三方劫持,可能导致内部隐私数据泄露。
- 程序数据任意备份漏洞检测。安卓 AndroidManifest.xml 文件中 android: allowBackup 为 true,App 数据可以被备份导出。
- 程序可被任意调试漏洞检测。安卓 AndroidManifest.xml 文件中 android: debuggable 为 true,App 可以被任意调试。
- WebView 存在本地 Java 接口漏洞检测。Android 的 WebView 组件有一个非常特殊的接口函数 addJavascriptInterface,能实现本地 Java 与 JS 之间的交互。在 targetSdkVersion 小于 17 时,攻击者利用 addJavascriptInterface 这个接口添加的函数,可以远程执行任意代码。
- WebView 忽略 SSL 证书错误漏洞检测。WebView 调用 onReceivedSslError 方法时,直接执行 handler.proceed() 来忽略该证书错误。忽略 SSL 证书错误可能引起中间人攻击。
- Intent Scheme URLs 攻击漏洞检测。在 AndroidManifast.xml 中设置 Scheme 协议之后,可以通过浏览器打开对应的 Activity。攻击者通过访问浏览器构造 Intent 语法唤起 App 相应组件,轻则引起拒绝服务,重则可能演变为提权漏洞。
- 全局文件可读写漏洞检测。App 在创建内部存储文件时,将文件设置了全局的可读写权限。攻击者可恶意写文件内容或者破坏 App 的完整性,或者恶意读取文件内容,获取敏感信息。
- 配置文件可读可写漏洞检测。使用 getSharedPreferences 打开文件时,如果将第二个参数设置为 MODE_WORLD_READABLE | MODE_WORLD_WRITEABLE,当前文件将可以被其他应用读取和写入,导致信息泄露、文件内容被篡改,影响应用程序的正常运行或出现更严重的问题。
- DEX 文件动态加载漏洞检测。使用 DexClassLoader 加载外部的 APK、jar 或 dex 文件,当外部文件的来源无法控制时或是被篡改,此时无法保证加载的文件是否安全。加载恶意的 dex 文件将会导致任意命令的执行。
- AES 弱加密漏洞检测。在 AES 加密时,使用 AES/ECB/NoPadding 或 AES/ECB/PKCS5padding 的模式。ECB 是将文件分块后对文件块做统一加密,破解加密只需要针对一个文件块进行解密,降低了破解难度和文件安全性。
- Provider 文件目录遍历漏洞检测。当 Provider 被导出且覆写了 openFile 方法时,没有对 Content Query Uri 进行有效判断或过滤。攻击者可以利用 openFile() 接口进行文件目录遍历以达到访问任意可读文件的目的。
- activity 绑定 browserable 与自定义协议漏洞检测。activity 设置 android.intent. category.BROWSABLE 属性并同时设置了自定义的协议 android: scheme 意味着可以通过浏览器使用自定义协议打开此 activity。可能通过浏览器对 App 进行越权调用。

- 动态注册广播漏洞检测。使用 registerReceiver 动态注册的广播在组件的生命周期里是默认导出的。导出的广播可以导致拒绝服务、数据泄露或是越权调用。

- 开放 socket 端口漏洞检测。App 绑定端口进行监听,建立连接后可接收外部发送的数据。攻击者可构造恶意数据对端口进行测试,对于绑定了 IP 0.0.0.0 的 App 可发起远程攻击。

- Fragment 注入漏洞检测。通过导出的 PreferenceActivity 的子类,没有正确处理 Intent 的 extra 值。攻击者可绕过限制访问未授权的界面。

- WebView 明文存储密码漏洞检测。WebView 中使用 setSavePassword(true),保存在 WebView 中输入的用户名和密码到应用数据目录的 databases/webview.db 中。当手机是 Root 或是通过其他漏洞获取 webview.db 的内容时,将会造成用户敏感数据的泄露。

- unzip 解压缩漏洞检测。解压 zip 文件,使用 getName() 获取压缩文件名后未对名称进行校验。攻击者可构造恶意 zip 文件,被解压的文件将会进行目录跳转被解压到其他目录,覆盖相应文件导致任意代码执行。

- 未使用编译器堆栈保护技术漏洞检测。为了检测栈中的溢出,引入了 Stack Canaries 漏洞缓解技术。在所有函数调用发生时,向栈帧内压入一个额外的被称作 canary 的随机数,当栈中发生溢出时,canary 将被首先覆盖,之后才是 EBP 和返回地址。在函数返回之前,系统将执行一个额外的安全验证操作,将栈帧中原先存放的 canary 和 .data 中副本的值进行比较,如果两者不吻合,说明发生了栈溢出。不使用 Stack Canaries 栈保护技术,发生栈溢出时系统并不会对程序进行保护。

- 未使用地址空间随机化技术漏洞检测。PIE 全称为 Position Independent Executables,是一种地址空间随机化技术。当 so 被加载时,在内存里的地址是随机分配的。不使用 PIE,将会使 shellcode 的执行难度降低,攻击成功率增加。

- 动态链接库中包含执行命令函数漏洞检测。在 native 程序中,有时需要执行系统命令,在接收外部传入的参数执行命令时没有做过滤或检验。攻击者传入任意命令,将导致恶意命令的执行。

- 随机数不安全使用漏洞检测。调用 SecureRandom 类中的 setSeed 方法。生成的随机数具有确定性,存在被破解的可能性。

- FFmpeg 文件读取漏洞检测。使用低版本的 FFmpeg 库进行视频解码。在 FFmpeg 的某些版本中可能存在本地文件读取漏洞,可以通过构造恶意文件获取本地文件内容。

- libupnp 栈溢出漏洞检测。使用低于 1.6.18 版本的 libupnp 库文件。构造恶意数据包可造成缓冲区溢出,造成代码执行。

- WebView 组件远程代码执行(调用 getClassLoader)漏洞检测。使用低于 17 的 targetSDKVersion,并且在 Context 子类中使用 addJavascriptInterface 绑定 this 对象。通过调用 getClassLoader 可以绕过 Google 底层对 getClass 方法的限制。

- AES/DES 硬编码密钥漏洞检测。使用 AES 或 DES 加解密时,采用硬编码在程序中的密钥。通过反编译拿到密钥可以轻易解密 App 通信数据。

企业级应用检测服务采用云端 SaaS,提供一站式 App 应用安全检测服务。企业应用加固流程如图 5-8 所示。

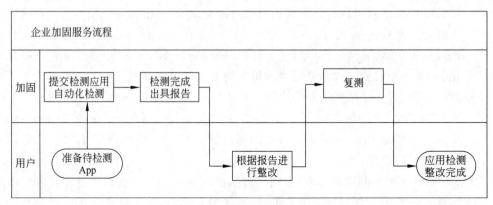

图 5-8　企业应用加固流程

（1）用户将应用提交到 SaaS 检测平台。

（2）检测平台自动生成报告,用户下载报告。

（3）用户根据报告对应用进行整改。

（4）用户将整改后的应用上传进行复测。

（5）复测无问题后用户可以将应用进行加固或者上传发布。

5.4　App 安全加固

由于 App 的研发人员在编程过程中可能会引入一些安全风险或者漏洞,或者是移动 App 的研发过程中没有对源代码进行混淆或加密,如果反编译的源代码中存在重要的机密信息,就会导致攻击者利用反编译后的源代码去攻击信息系统,从而获取信息系统中保存的信息。因此需要对 App 进行安全检测与加固。App 加固是为提高 Android 应用软件的保护能力,增加攻击者破解难度,同时不影响 App 运行效率。

5.4.1　App 存在的问题

Android 系统的大部分 App 都是基于 Java 编程,容易被逆向分析。相当一部分 Android 平台的 App 应用在发布时都没有经过代码混淆,这让逆向分析变得更加容易。这些应用可以被插入恶意代码,然后重新发布,具有很强的欺骗性。

移动 App 系统权限的滥用,包括读取短信记录、位置信息、照片功能被滥用等,事实上,大部分 App 都不需要读取短信记录的权限,却为恶意代码提供了便利。

利用网站服务器与手机 App 之间接口存在的漏洞对网站服务器发起攻击。相对于计算机端的访问控制,很多网站对手机 App 端的访问管理和访问控制机制要弱得多,攻击者能够轻易获取 App 背后的服务器地址以及 App 接口信息,然后通过挖掘 App 接口的漏洞,直接获取服务器中的所有信息并发动进一步攻击。

移动终端 App 常见的安全漏洞如下。

静态破解:通过工具 apktool、dex2jar、jd-gui、DDMS、签名工具,可以对任何一个未加密应用进行静态破解,窃取源代码。

二次打包:通过静态破解获取源代码,嵌入恶意病毒、广告等行为,再利用工具打包、签名,形成二次打包应用。

本地存储数据窃取:通过获取 Root 权限,对手机中应用存储的数据进行窃取、编辑、转存等恶意行为,直接威胁用户隐私。

界面截取:通过 adb shell 命令或第三方软件获取 Root 权限,在手机界面截取用户填写的隐私信息,随后进行恶意行为。

输入法攻击:通过对系统输入法攻击,从而对用户填写的隐私信息进行截获、转存等恶意操作,窃取敏感信息。

协议抓取:通过设置代理或使用第三方抓包工具,对应用发送与接收的数据包进行截获、重发、编辑、转存等恶意操作。

未加固的原始 App 易遭受逆向、篡改等各种攻击,手机中用户隐私数据的泄露问题也更加突出。攻击及安全加固如图 5-9 所示。

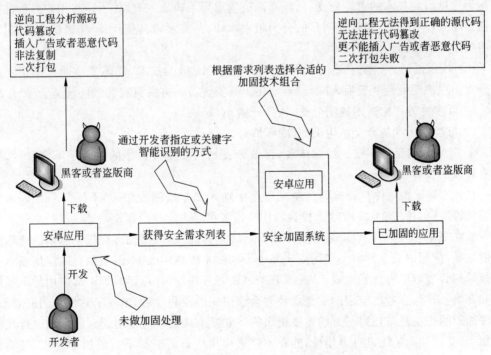

图 5-9　攻击及安全加固示意图

一个应用被开发完成后,如果不做加固处理,一旦黑客或者盗版商获得此应用,就可以通过逆向工程分析应用源代码,对源代码进行篡改、插入广告或恶意代码、非法复制和二次打包等非法行为。但是当应用经过加固后,黑客或者盗版商即使获得应用也无法分析源码进行非法行为的操作。

5.4.2 App 保护方法

传统软件保护技术根据所使用的方法,分为基于软件的软加密保护技术和基于硬件的硬加密保护技术。基于硬件的保护技术使用硬件设备,在硬件中生成密钥,再通过数据传输在软件中进行验证,只有硬件正确回应才能正常运行软件。硬加密技术不易被破解,但是开发难度较大,成本较高。

现有的基于软件的保护方式主要有以下几种。

(1)注册验证。这是目前使用较为广泛的方式之一,注册信息一般根据用户信息生成。可以是一串序列号或注册码,也可以是注册文件等存在形式,在软件运行时对注册信息进行验证,检查其合法性。

(2)软件加密。通过使用加密算法,将明文转换为密文,在传播过程中隐藏机密信息,使得攻击者难以截获。现在软件技术存在较大问题:首先,密文由于语意不明,反而容易引起攻击者的注意;另外,由于加密算法的公开性,安全性受到密钥长度的制约,随着硬件性能发展,安全性受到很大的冲击。

(3)软件水印技术。在软件加密技术安全性逐渐得不到保证的情况下,软件水印技术作为信息隐藏技术的重要分支,已经逐渐成为重要手段之一,软件水印将用户身份和版权信息隐藏在软件中,根据使用目的分为阻止水印、断言水印、脆弱水印和确认水印,目前使用最广泛的是阻止水印技术。

(4)代码混淆。目前常使用代码变换进行代码混淆的技术,代码变换通过构造不透明分支实现控制流迷乱变换,并通过自动化工具实现。该方案具有明显的优势。

① 以多种方式构造不透明分支,额外开销小。

② 与程序正常的分支结构类似,隐蔽性好。

③ 分支结构是程序唯一性的体现,修改分支结构而保持程序的语义是不容易的,故具有较强的鲁棒性。

(5)防篡改。软件自我检测机制在程序中加入多个监测方法,对不同部分代码进行完整性检验(如使用 MDS 或哈希校验),使攻击者很难去除整个监测功能。

而在 Android 平台上,随着各类应用商店和运营商商店的发展,有越来越多的应用供人们选择,应用的安全性需要应用商店和一个加固系统共同维护,但是现有的应用商店在审核后的管理难以有良好的效果,或没有经过良好管理,或管理影响了正常应用的顺畅使用和升级。在综合考虑应用的安全性和对合法应用的便利性后,出现了软件加固的思想,软件加固的理论是站在第三方的角度提出的。它要实现的功能是对任意的应用进行代码的加固,要求加固系统具有通用性,能在不获得应用代码的前提下完成加固流程,且能在一定程度上增加应用的安全性,防止来自恶意攻击者的威胁。其中包括:非法复制和非授权使用,即盗版;恶意修改软件代码逻辑或功能,即篡改;通过逆向工程获取核心算法及关键数据并移植到自己的软件中,即逆向工程。

5.4.3　App 加固技术

App 加固技术主要面向 Android 应用的开发者以及从平台下载 Android 应用的使用者。开发者的利益需求是要保证开发者在进行应用的开发后,保证应用安全性。不能让一些恶意攻击者对应用进行反编译、动态调试等攻击后在应用中加入恶意代码,不能让盗版商等通过逆向工程等行为破解出源代码进行盗版。使用者的利益需求是要保证使用者使用的应用是经过平台安全加固的合法应用,而不是被攻击者经过篡改的,其中包含恶意代码的流氓应用,这要求软件加固系统对经过应用商店审核后的合法应用进行加固后能保证其完整性、机密性。

App 安全加固主要是为了防止逆向分析、恶意篡改、内存窃取和动态跟踪。通过加密加固可以抵御绝大部分的反向工具的解析,有效防止应用程序 App 在运营过程中被破解、盗版、二次打包、注入、反编译等破坏,并能够对客户端在推广中进行渠道监测,对仿冒、篡改 App 等恶意行为进行监测预警。对 App 提供的安全加固解决方案,不能影响客户端的兼容性和稳定性,不能影响客户端原有功能。加固后应用软件运行增加的 CPU、内存等不影响用户的正常使用。安全加密加固服务包括以下方面。

(1) 防软件盗版。针对应用的版权问题,要提出有效的方案来证明使用者的合法性,来实现防盗版的目的。一般做法分为两种,一种是静态地在程序中添加数字签名或数字水印来证明程序使用者的合法性,另一种是进行与平台侧的网络交互,通过与数据库中存储的校验值进行比较,来证实应用的合法性。

(2) 防止逆向分析。逆向分析是通过 App 应用中的代码设计漏洞,窥探推理软件的设计思路和算法,继而进行反编译和反汇编,最终能通过逆向软件和相关技术操作,来窃取 App 应用的 DEX 和 RES 等主要源文件资源。这是市场上 App 盗版软件出现的主要技术手段。对 App 软件进行技术加固,可以有效阻断逆向分析软件对应用代码的破译和反编译,是防止正版应用遭遇盗版侵权的核心技术。

(3) 防止恶意篡改。恶意篡改应用内容和功能的方式很多,往往都是通过应用本身的安全漏洞进行破解,然后通过一些病毒程序、木马程序、非过滤性病毒等恶意代码,以各种非法手段来侵害用户的利益。对 App 应用进行源代码检测和安全漏洞扫描,找出 App 的漏洞和安全问题,提示开发者应做好哪些安全保护工作,防止 App 被破解和恶意反编译。

(4) 反动态跟踪。是对软件进行加密,防止恶意操作的重要技术手段。通过反动态跟踪加密,可以有效抑制动态调试程序、改变中断功能调用。在 App 软件中设置软件自检代码,可以通过检测文件属性防止非法解密、篡改文件属性进行的恶意操作。

(5) 数据二次加密。在开发者原有 App 程序上,对 APK 包进行二次安全保护加密措施,比如对 App 的 DEX、RES、XML 和签名文件等进行二次加密,同时不会对应用本身的功能和运行造成影响,有效提高应用对恶意篡改软件的防护性能。

为了实现以上加固服务,需要使用以下一些软件安全加固核心技术。

1. 白盒加密算法

由于手机处理性能有限,传统的非对称加密算法虽然加密安全性高,但是处理速度过慢,影响应用的使用,因此只能使用对称加密算法。白盒算法采用 AES 加密算法,AES 是对称加密领域比较先进的算法。白盒 AES 算法指的是采用 AES 算法的白盒加密方案。采用这种方案,可以做到每一台主机有一个定制的解密盒。这样,一个终端被破解,不会影响其他终端的正常使用,对于提高 Android 应用的安全性有很大的意义。

白盒加密的核心思想是混淆,混淆的意思就是让人看不懂,如果说加密是隐藏信息,混淆就是扰乱信息。混淆是让信息以一种完全无法理解的形式存在,尽量让人无法理解中间的过程,但不影响信息本身发挥作用。

传统的加密算法中,算法和密钥是完全独立的,也就是说,算法相同密钥不同则可以得到不同的加密结果。但白盒加密将算法和密钥紧密捆绑在一起,由算法和密钥生成一个加密表和一个解密表,然后可以独立用查找加密表加密,用解密表解密,不再依赖于原来的加解密算法和密钥。

正是由于算法和密钥的合并,可以有效隐藏密钥,与此同时也混淆了加密逻辑。具体而言,白盒加密的一种实现思路就是将算法完全用查表来替代,因为算法已知,加密的密钥已知。所以将算法和密钥固化成查表表示,这就是白盒密钥的实现过程。

2. 完整性校验

为了保证应用会实现安全校验的机制,同时也为了防止攻击者在应用中加入恶意代码,如发短信、扣费等,需要对应用进行防篡改的保护。软件防篡改技术的基本思想是:增加软件被篡改的难度,一旦被篡改能够即时感知并终止程序的运行,使篡改的行为难以为继。

针对 Android 手机的处理能力,最适合在手机上实现的防篡改技术是完整性校验。完整性保护一般通过哈希校验来实现,哈希校验在论坛上、软件发布时经常用到,是为了保证文件的正确性,防止有人盗用程序,加些木马或者篡改版权而设计的一套验证系统。每个文件都可以用 Hash MD5 验证程序算出一个固定的 MD5 码来,软件作者往往会事先计算出他的程序的 MD5 码并发布在网上。因此,在网上看到某个程序下载旁注明了 MD5 码时,可以把它记下来,下载这个程序后用 Hash 验证程序计算所下载文件的 MD5 码,和之前记下的 MD5 码比较,如果两者相同,那么下载的就是原版;如果计算出来的和网上注明的不匹配,那么下载的这个文件就是不完整的,或是被别人篡改过的。

3. 防反编译

1) DEX 文件代码混淆

Java 代码最终编译成的中间代码极易被还原为源代码(如利用 dex2jar 工具),因为对其进行反编译等工作不具有很强的意义。针对 Java 代码,一般进行的是代码混淆处理,混淆可产生一个更加复杂、难于理解并且与原始代码具有相同行为方式的代码版本。

由原理或对象来对混淆技术进行分类,代码混淆技术一般可以分为外形(layout)混淆、控制结构(control)混淆、数据(data)混淆和预防(preventive)混淆等几种。

外形混淆的主要实现手段是对程序进行删除或改名。删除是指删除程序中不影响执行的一些调试信息,将不会用到的类或者方法删除。通过删除操作可以使程序难以被攻击者阅读理解。改名包括对程序中的变量名、常量名、类名、方法名称等标识符做词法上的变换以阻止攻击者对程序的理解,这类算法没有给程序带来额外的开销,算法实现也比较容易。

控制结构混淆是使得攻击者对程序的控制流难以理解,如加入模糊谓词,用伪装的条件判断语句来隐藏真实的执行路径。

数据混淆是指程序以符合逻辑的方式来重组数据。数据混淆算法通过对程序中的数据结构进行转换,以不易被猜到的方式重组数据,增加攻击者攻击的难度,实现对程序的保护。常用的转换方法有静态数据动态生成、数组结构转换、类继承转换、数据存储空间转换等。

预防混淆是针对特定的反编译器而设计的。一般来说,这类混淆是利用反编译器的缺陷或者 Bug 来混淆代码,实现防御功能。

由于大部分逆向工具(dex2jar,apktool 等)都是线性读取字节码并解析,当遇到无效字节码时,就会引起反编译工具字节码解析失败。代码混淆后,使用 apktool、dex2jar 等工具逆向对应的 DEX 时,工具会崩溃。

其实现的基本原理是在编译好的 APK 中提取 classes.dex 文件,通过 smali.jar 与 baksmali.jar 对 classes.dex 进行编译与反编译。在反编译提取到的源码.smali 文件集中,向主要的.smali 代码里添加指令代码,再重新编译成 classes.dex 后转存到 APK 中。

2) DEX 函数级动态分离

对 DEX 文件所有函数进行挖空单独加密操作,不再进行整体加密,保证了 DEX 分离后整体的安全度。

3) .so 库文件加密保护

对加密.so 文件进行优化压缩,对加密.so 文件源代码进行加密隐藏,对加密后.so 文件能够有效地防止 IDA 等工具逆向分析。其实现的原理是在 Java 层做源代码加密隐藏,防止 native 方法暴露。native 层防止 IDA 等工具的暴力破解,采用加密隐藏并打乱原本的 native 方法,并且打乱方法体的内容,防止黑客进行修改。通过对 DEX 文件、SO 库文件的高强度加密保护,保证了 APK 的应用代码、内部包含的相关算法及秘钥的安全性。

4. 防二次打包

防二次打包技术提供对 APK 进行防止二次打包保护,防止 APK 被使用非法手段修改替换文件后进行二次打包。使用该防护后,APK 被修改以后无法运行。实现原理包括在加密的过程中会对除资源文件和签名文件外的其他任何文件生成一个唯一指纹值,然后存放到本地加密保护,在程序运行的过程中会对比这个唯一指纹值,进行指纹校验,如果不匹配则退出程序。防二次打包保护原理流程图如图 5-10 所示。

5. 防本地数据窃取

本地数据的窃取,主要包括通过资源文件、配置文件、日志文件、缓存文件的窃取来获得移动应用的数据。

防止资源文件被查看及篡改可以通过资源文件隐藏技术实现。通过隐藏技术处理后的 App 所有 Assets 目录下的资源都会被隐藏。通过防二次打包技术,在资源文件被修

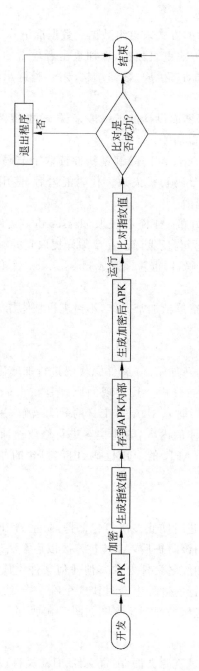

图 5-10　防二次打包保护原理流程图

改后，一旦资源被修改，App 将无法正常运行。加密通过获取 APK 包中所有文件的 Hash 值，程序运行后对 APK Hash 值进行验证，如果发现 APK 被篡改，自动终止盗版程序运行。

防止配置文件被查看及篡改可以通过文件加花技术实现。在使用工具对 APK 进行逆向时，工具会用自动崩溃的方式来防止对 APK 的解包，以及对配置文件的解包操作。通过防二次打包防护对 App 进行整体完整性验证，防止配置文件篡改后 App 正常运行。加密通过获取 APK 包中所有文件的 Hash 值，程序运行后对 APK Hash 值进行验证，如果发现 APK 被篡改，将自动终止盗版程序运行。

防止日志文件被查看及篡改可以通过源代码优化技术，关闭 log 日志的输出端口，防止日志暴露敏感信息。

防止缓存文件被查看及篡改可以通过本地数据文件加密保护，对存储在本地的数据进行透明加密操作。提供 Android 应用本地数据加密，此数据主要是指应用本地存储数据。使用本地加密服务可实现对 SQLite，SharedPreference、文件流、缓存数据进行加密，防止缓存被查看及篡改。

6. 防调试攻击

通过防调试器保护对 App 进行防调试攻击，防止 APK 被调试时 App 的正常运行。防止调试器保护技术实现 App 在运行加载过程中对于应用库函数向内存的读取与调用提供保护，此技术实现对应用进程的虚拟地址空间进行检测，防止调试器调试 App。

通过高级内存保护，对内存数据提供专业级高级保护，防止内存调试，防止进程注入攻击，防止代码注入攻击，防止内存修改。

通过防调试器保护，防止通过使用调试器工具（如 ZjDroid，APK 改之理、IDA 等）对应用进行非法破解。对主进程进行实时监控，如果监控到有调试器工具进行跟踪调试，则退出程序。

7. 终端软件加壳

加壳是在二进制程序中植入一段代码，在运行的时候优先取得程序的控制权，做一些额外的工作，从而有效阻止对程序的反汇编分析。这种技术是保护软件版权、防止被破解的常用技术。

由于 Android 系统本身并不支持 DEX 文件的动态加载技术，一些安全研究人员开始研究 Android 系统底层源代码，从而设计出一套适用于 Android 的软件动态加载技术，具体流程可以分为软件加固阶段与软件运行阶段。软件加固阶段是指开发者完成开发到提交最终用户下载安装之间的过程，软件运行阶段是最终用户使用应用软件的过程。在软件加固阶段，开发者将开发完成的应用程序上传至加固平台，在加固平台上首先校验应用程序没有恶意行为以后，对此软件加壳、重新签名并返回给开发者。应用程序加固阶段处理流程如图 5-11 所示。在软件加固阶段需要对加固的应用程序做以下几步处理。

（1）将开发者上传的应用程序解包，提取其中的待保护文件，一般情况下需要保护的文件是 Classes.dex。

（2）根据相关信息生成特定的密钥，以此密钥加密受保护文件，并生成解密所需调用

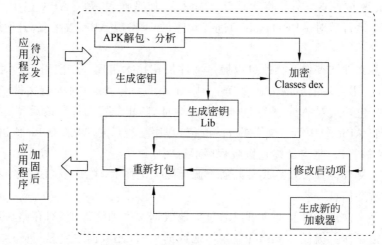

图 5-11　应用程序加固阶段流程图

的库文件。

（3）修改应用程序中的 AndroidManifest.xml 文件，在其中加入加载器信息，并生成针对此应用定制的加载器。

（4）将加密后的文件、解密所需的库文件、修改后的 XML 文件以及新生成的加载器放入解包后的文件夹中，重新对此文件夹打包。

（5）将应用程序返回给开发者，由开发者重新签名后发布。

（6）在软件运行阶段，当用户启动应用程序时，自定义加载器中的校验模块会对应用程序中的每一个文件进行校验，确认无误以后再启动原始应用程序。应用程序启动流程过程如图 5-12 所示。

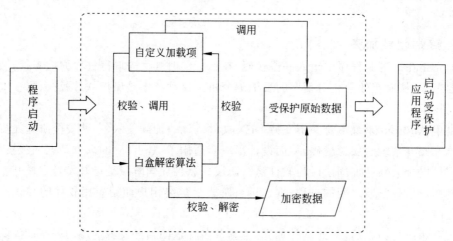

图 5-12　应用程序启动流程

定制的应用程序加载器的特性决定了不需要修改系统源代码即可加载原始应用程序，在应用程序加载阶段，需要处理的流程如下。

（1）用户启动应用程序时，操作系统加载自定义加载器需要校验加密后的数据，解密的库文件的指纹，校验结束之后调用解密库中的解密函数，解密原始应用程序数据，而这些数据均放入白盒解密算法中。

（2）解密函数被调用时，也需要校验调用者即自定义加载器的文件特征，判定此次调用是否合法。若合法，将加密数据通过白盒解密算法解密，并将受保护数据加载到内存，最后通知自定义加载器内存加载位置。

（3）加载器调用内存中的原始应用程序包，最终启动原应用程序。

但是，在 Android 系统中定制的 Android ClassLoader 类是不可以被加密的，因为一旦这个类也被加密，那么就没有类可以被系统启动，也没有类来解密应用程序中的加密文件，同时解密的相关实现若放在 Java 环境中则很容易被逆向。一般解决方法是将解密算法用 C 语言实现并编译成动态链接库，通过 JNI 框架调用，以保证解密算法的安全性。

Android 手机的动态库也可以通过传统的加壳手段进行保护，目前 Android 的壳处理程序主要使用可执行文件压缩器（the Ultimate Packer for eXecutables，UPX）开源代码修改。

UPX 壳处理程序是由 UPX 小组所开发的开源项目。UPX 对可执行文件进行压缩，只有以前的 35%～50%，且不会影响原功能。但是由于受 UPX 加壳处理后的文件内带有明显的 UPX 信息，如版本号、特殊区段名以及加壳标志，容易被攻击者利用，因此在应用加壳之前往往会修改 UPX 去除加壳处理后的 UPX 信息，实现在保证原可执行文件功能正常的情况下，不受脱壳功能逆向处理的目的。

加壳处理是对抗静态反汇编的最好的方法，由于原始程序的执行代码加密压缩在壳程序数据区段，因此逆向分析工具无法直接分析程序流程，只能通过动态调试手段分析程序。

5.4.4　App 加固

企业级移动应用加固服务，提供针对 Android 应用程序全方位安全保护功能。主要原理是将安全性较低的 Java 原包程序加密并压缩，存储至安全性更高的 Native 层，同时对 Native 层的代码采用自定义 Linker 方式和基于 shellcode 的 elf 文件加密方式进行加密处理；并且在原数据中增加部分垃圾数据，使常规反编译工具失效或无法正常还原源代码，同时还在程序中内置多个内存还原对抗点，防止源代码通过内存截取的方式泄露。

加固后的应用可防止反编译工具破解和逆向，包括但不限于 smali、jd-gui、Dex2jar、baksmali、JEB、BytecodeViewer、AXMLPrinter2、ApkTool 工具等，以上工具均无法正常进行应用程序源代码反编译和重打包操作。

App 加固主要可实现对 App 应用程序的以下保护。

（1）基于虚拟机指令（VMP）的.dex 文件加密保护。对原应用中的.dex 文件采用高压缩及加密变形处理，原始.dex 的关键函数指令采用基于虚拟机指令保护方法，并将指令解释方案实现在 Native 层的保护壳中。反编译软件在对应用进行逆向的时候只能看到加固后新增的保护壳的部分，并不能够逆向出原.dex 中的数据及代码。

（2）基于虚拟机指令（VMP）的.so 文件加密保护。对原应用中的 .so 文件代码采用自定义 Linker 方式进行加密保护,并且对于壳 .so 中的关键函数使用基于虚拟机指令的 .so 保护,由于 VMP 的高强度保护方案,以至于调试者或破解者无法获取 Linker 入口从而无法正常反编译 .so 文件中代码。同时采用基于动态加载器的 .so 保护,增大了壳 .so 和第三方 .so 的保护强度,保护应用中 .so 的安全性。

(3) 应用主配文件防篡改保护。采用哈希技术对主配文件生成文件指纹,指纹信息保存在 .dex 文件某处,并在程序运行时对文件指纹进行校验,如发现指纹改变则停止运行。

(4) 应用资源文件完整性保护(需遵从客户要求)。通过快速计算方法,把文件的完整特征存储到源 .dex 保护数据中,在运行的时候能够快速判断文件是否被修改,达到保护目的。资源文件加固一般比较消耗终端性能,需要客户要求才给予提供,默认情况下不予提供。

(5) 应用数据文件加密保护。对应用运行中产生的数据文件进行加密保护,防止数据文件被窃取和篡改,加密关键信息保存在 Native 层保护壳中。

(6) 应用签名校验保护。将开发者签名信息进行变换存储成特征,把特征存储到源 .dex 保护数据中,在运行的时候能够快速判断签名是否被修改,达到保护开发者被二次发布的目的。

(7) 防止内存截取攻击。动态监控 Android 程序中的内存分布文件,可以随时监控到内存读取等操作,从而保护内存截取攻击。

(8) 应用内存非法读取/修改保护。动态监控 Android 程序中的内存分布文件,可以随时监控到内存是否被非法第三方程序进行读写操作,从而保护应用运行时的内存数据不被非法读取或修改。

(9) 防动态注入攻击保护。对应用的关键模块增加反调试技术,从根本上杜绝调试本程序、注入非法代码等操作,保护软件的安全运行。

(10) .dex 文件深度混淆。对内存中的应用 .dex 文件进行混淆处理,使得在 .dex 被内存截取的情况下,也只能截取出加固混淆之后的代码,无法还原出原始 .dex 文件。

(11) Cocos2D 引擎 Lua 脚本保护。对使用 Cocos2D-Lua 的应用,提取出应用包 Lua 脚本文件,经过高强度的算法加密,并打包回原应用包。破解者从应用包中获取到的 Lua 脚本并不能得到直接识别。应用在系统运行加载 Lua 脚本时,会经过加固的代码解密,并正常运行。

(12) Unity3D 引擎 DLL 脚本保护。对使用 Unity3D 的应用,提取出应用包中 DLL 脚本文件,经过高强度的算法加密,并打包回原应用包。破解者从应用包中获取到的 DLL 脚本并不能得到直接识别。应用在系统运行加载 DLL 脚本时,会经过加固的代码解密,并正常运行。

 ## 思考题

1. 简述移动应用安全现状,并简述 MAM 具有哪些功能。

2. Android 应用软件安全风险按恶意行为分类可以分为哪几类？

3. 针对移动应用威胁，可以采取哪些措施？

4. 简述进行 App 安全监测的原因。

5. 简述移动 App 安全评估流程以及使用的安全检测技术。

6. 简述 App 现有的保护方法。

7. 简述 App 加固技术。

第 6 章

典 型 案 例

6.1 内网环境安全解决方案

6.1.1 背景及需求

网络化可以有效地实现企业内部的资源共享、信息发布、技术交流、生产组织。此外，还可以通过这个网络连接到世界上其他计算机，使得企业方便地实现与外部的交流。

在内网中，由于网络本身是隔离的，这导致用户本身会更加大意地处理信息，对个人计算机的安全防护也觉得不重要，同时还导致内网中的系统升级和隔离非常不及时。这两个因素都导致内网中的实际安全隐患更多，一旦出现问题，更容易遇到重要信息被窃取等危害。

企业内网安全的主要问题是公司内部机密文件、项目档案以及客户资料很容易被窃取或破坏，包括一些内部人员未经授权对文件进行访问、复制、修改、删除等，还有些内部病毒肆意传播、广播风暴等问题。

现阶段，企业内网系统所面临的代表性问题包括以下几个。

(1) 安全规范难以贯彻实施。内部的合规要求、安全操作等信息化管理手段难以被每个员工熟知和应用，无法对员工的行为做出有效管理。

(2) 外部终端缺乏准入控制。终端未经安全认证和授权接入到内网可以导致组织内部重要信息泄露或丢失；终端接入后对内网的非授权访问又难以管理，造成不可弥补的重大损失。

(3) 移动存储存在威胁。移动设备都可能未经安全检查而与企业内网连接，它们可以存储内网数据，甚至成为病毒传播的媒体。

(4) 网络资源的浪费。员工在工作时间内聊天、打游戏、下载电影、登录网站等行为大量存在，使内网流量负荷增加，影响工作效率及网络正常使用。

6.1.2 解决方案

奇安信移动终端安全管理系统(EMM)通过解决企业在向移动办公拓展过程中面临的安全、管理以及部署等各种挑战，帮助企业在享受移动办公带来成本下降、效率提升的同时，加强对移动设备的管理控制以及安全防范。

　　基于目前的移动业务应用以及信息化的整体发展,在整个 EMM 管理平台建立过程中,如何对大量的移动设备、移动应用以及数据进行统一的安全管理是内网环境最为关注的一点。

　　奇安信移动终端安全管理系统在设备监控管理、数据信息加密传输等多个维度建立了完整全面的安全体系。系统从设备、应用、数据三个方面入手,全面解决移动设备带来的各种安全管理难题,确保移动设备、移动应用以及数据信息的安全管理。确保工作人员可以放心安全地使用移动设备,同时确保工作信息数据安全。

　　奇安信移动终端安全管理系统解决方案架构如图 6-1 所示。

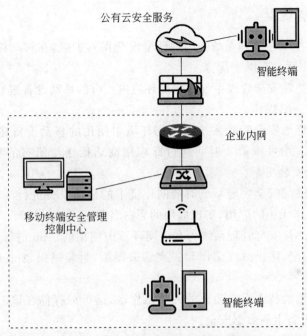

图 6-1　移动管理体系解决方案架构图

　　移动终端安全管理解决方案具有几大核心功能可以帮助内网环境的安全建设。

1. 集中管理移动终端

　　可以实现设备批量部署和管理,并实时获悉移动终端的安全状态。设备一旦遗失或被窃,可以通过多种远程管理工具定位、锁定,甚至擦除设备上急救中心的数据。

2. 公私隔离

　　在移动终端上建立一个安全、独立的工作区,将所有的工作应用和数据存储在受保护的安全区内,避免内网环境中的数据被个人应用非法存取。

3. 数据加密

　　支持 AES256 位加密算法和国密 SM 算法,并提供安全可靠的密钥管理,确保数据在多终端复杂环境下的安全。

4. 应用加固和封装

所有上传的 App 可选择进行应用加固和封装,有效杜绝恶意篡改、代码注入、内存修改、窃取数据、反编译等威胁,保证工作区内使用的移动应用安全可靠,降低应用数据泄露风险。

5. 手机病毒木马查杀

集成了专业的移动终端杀毒引擎,保障移动终端免受病毒木马侵扰,避免移动终端被病毒木马利用作为渗透内网的跳板。

6.1.3 方案优势

奇安信移动终端安全管理系统为内网环境安全保驾护航,在移动终端安全管理系统的帮助下,该解决方案具有以下优势。

(1)通过移动终端安全管理系统对内网环境内所有的移动设备进行统一注册、管理,实现设备信息的统一呈现。

(2)通过移动终端安全管理系统为内网环境中使用的移动设备建立自己的应用商店,所有内部的 App 均可以第一时间通过此应用商店推送给所有的移动设备,实现对 App 应用统一下载安装更新。

(3)通过移动终端安全管理系统对内网环境中的移动设备进行深度适配,控制禁止工作人员安装与工作无关的应用,实现应用的黑白名单。

(4)通过移动终端安全管理系统为在内网环境中使用的 App 进行加固封装,加固保护 App 应用本身安全,防止被反编译和二次伪造盗版,封装确保 App 应用数据加密、公私数据互访隔离。

(5)通过移动沙盒技术形成独立的办公工作区,运行或存储在该工作区的数据均经过加密,保证移动设备上的数据安全。

(6)通过移动终端安全管理系统对终端和应用进行木马扫描,确保终端和整个内网环境的纯净安全,同时避免移动设备被攻击者利用成为渗透内网的跳板。

奇安信移动终端安全管理系统从设备监控管理、数据信息加密传输等多个维度,确保移动设备、移动应用和数据的安全管理,对内网环境建立了完整、全面的安全体系,把不同的元素整合在一起,有效地保证了众多移动设备、移动应用以及数据信息的安全,减轻了运维人员的工作量,更有效地提高了工作人员的办公效率。

6.2 内外网安全接入解决方案

6.2.1 背景及需求

随着移动存储技术及商务模式的发展,选择移动办公的人越来越多。与此同时,企事业单位对员工移动办公、远程接入总部内网办公的需求越来越强。这种最新的办公模式,通过在手机、PAD 等移动设备上安装应用软件,使移动设备也具备了和计算机一样的办公环境,它还摆脱了必须在固定场所固定设备上进行办公的限制,为管理者和业务人员提供了极大便利,为信息化建设提供了全新的思路和方向。它不仅使得办公变得随心、轻松,而且借助手机、PAD 等移动设备通信的便利性,使得使用者无论身处何种紧急情况下,都能高效迅捷地开展工作,对于突发性事件的处理、应急性事件的部署有极为重要的意义。

当员工分散在外办公时,时间和空间都不确定,员工需要实时与企业数据中心交换数据,随时随地获得企业的信息支持。因此,移动办公需要移动设备从外网接入内网,为了保证内网的安全,需要有安全手段确认用户身份,并能够追溯用户的操作,需要保证数据传输的安全性等问题。

内外网接入主要面临的问题包括以下几个。

(1)移动终端硬件平台缺乏完整性保护和验证机制,且移动终端各个通信接口缺乏机密性和完整性保护。

(2)移动终端在信息传输的过程中,必须考虑到信息的安全性、保密性。在传输的过程中,如果被截取到的移动终端系统遭到篡改,将对企业数据价值带来损失。

(3)移动终端基本采用 Android 等操作系统,系统架构公开,容易遭受功能替换、系统替换等攻击,造成终端控制权失控、攻击者伪装发布虚假信息等危害。

(4)移动终端被他人获取时,缺少很好的访问控制、身份验证、数据保密存储等功能。

(5)移动终端易受手机病毒和木马程序侵袭,导致数据泄露。

6.2.2　解决方案

内外网安全接入解决方案通过奇安信移动终端安全管理系统(EMM),在设备采购监控、网络接入控制、信息加密传输多个维度建立了完整全面的安全体系,确保移动终端设备、移动应用以及数据的安全管理。

奇安信移动终端安全管理体系解决方案采用如图 6-2 所示架构。

主要实现如下功能。

(1)系统提供的企业 App 分发中心能够通过 4G 和 Wi-Fi 定向推送,帮助企业快速完成新应用部署及升级工作,同时内置的统计报表功能可以实时汇总应用部署情况。

(2)手机病毒和木马已经成为日益严重的威胁,手机木马在短短几个小时就可以侵入上百万台终端,系统集成的防病毒模块可有效阻止恶意软件侵害,即使用户无意中下载了有害程序,也能够及时查杀,保障设备免受病毒侵扰,同时避免移动终端被攻击者利用成为渗透企业内网的跳板,为企业移动信息化提供有效保障。

(3)为保证内外网数据安全,每个开发完成的 App 在分发前必须通过审核,确保没有安全漏洞及后门,分发后需要跟踪应用完整性,避免被恶意修改或植入木马。系统对审核通过的应用进行加固封装,保证应用不被伪造、篡改,真正达到端到端的安全。

(4)系统确保移动终端、移动应用和数据的安全管理,能够全力协助建立 EMM 移动终端管理平台,把不同的元素整合在一起,更有效地提高员工的办公效率。

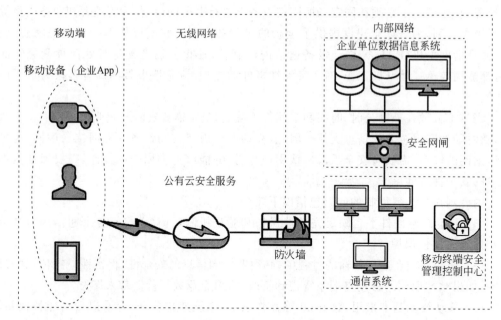

图 6-2　解决方案架构图

6.2.3　方案优势

1. 集中管理移动终端

通过奇安信移动终端管理系统对移动办公中所有的移动设备进行统一注册,实现设备批量部署和管理,并实时获悉移动终端的安全状态,实现设备信息的统一呈现。

2. 通信安全

奇安信移动终端管理系统内置 SSL VPN 认证加密系统,拥有完整的身份认证技术,可以根据用户身份自动分配访问权限,过滤未经授权的终端接入内网。同时,在移动终端上实现网络接入分离。仅允许工作区内应用通过 VPN 访问内网,防止恶意程序通过VPN 通道渗透内网,保护通信数据的安全性。

3. 数据安全

奇安信移动终端管理系统(EMM)采用了国内领先的沙盒技术,在移动终端上建立独立工作区,将工作数据与个人数据完全隔离,禁止任何个人应用读取、访问工作区。

奇安信移动终端管理系统(EMM)采用了数据加密技术,对存储和运行于客户端的数据采用高强度 AES256 算法和 SM 系列国密算法处理。同时,管理中心提供进程擦除工作数据的功能,针对强管控适配设备还可以禁止内部员工在指定时间、指定地点范围使用摄像头、截屏、USB 等功能,严防数据泄露事故发生。

4. 终端病毒查杀

奇安信移动终端管理系统内置专业的人工智能杀毒引擎,具备"自学习,自进化"能力,无须频繁升级特征库就能免疫 96% 以上的加壳和变种病毒,保障设备免受病毒侵扰,避免移动终端被攻击者利用成为渗透内网的跳板。

6.3　公有云环境安全解决方案

6.3.1　背景及需求

随着工业化与信息化两化融合的深入,信息化进程逐步加快,电子文件成为数据的主要载体。同时,移动化办公给企业带来了诸多便利,使企业得到快速的发展和进步。但随着越来越多的企业业务被移动化后,相应的关键敏感数据也随之被移动化。这些数据包含着大量的客户信息与企业业务数据,而数据在终端本地存储、链路传输过程中,有众多安全问题会影响到企业数据资产安全,如身份接入、数据传输安全、业务传输、应用自身安全等问题。

针对以上严峻的发展模式,企业在移动办公方面,面临以下挑战。

1. 缺乏严格的设备管控机制

市面上智能终端种类繁多,权限划分不清,难以统一管控。且移动设备因为其便携性极易丢失,丢失的大多数移动设备中包含企业的敏感信息,设备若丢失,设备中所保存的企业敏感数据也会面临被泄露的风险。设备的丢失不但意味着敏感的商业信息的泄露,丢失的设备还有可能会变成黑客攻击企业网络的跳板。

2. 员工主动泄密

尽管很多公司都采取了一定的保密措施,但仍有部分企业发生员工泄密事件。员工泄密的主要途径除了无意间拍照、截屏或存储在移动设备中进而外泄,还会有员工故意复制企业重要信息进行售卖。这些行为都导致了企业重要信息的泄露,会给企业带来重大损失。

3. 应用质量参差不齐

Android 手机盗版应用问题严重,根据第三方机构数据统计,平均每款正版 App 对应 92.7 个盗版。如何保证员工使用的应用没有安全问题,如何保证企业的内部应用不被泄露、篡改、植入代码,这些都是企业发展面临的挑战。

4. 手机病毒和类型高速增长

智能终端的安全防护措施比较薄弱,各种病毒通过手机应用、短信等途径传播,移动设备已经成为滋生安全风险的温床,不仅造成资源的消耗、个人隐私的窃取,而且也成为黑客入侵渗透企业内网的跳板。

5. 公私数据混用

同一移动终端设备上既有个人应用,又有企业数据和应用,个人应用可以随意访问、存取企业数据,企业应用同样也会触及个人数据。如何明确区分并隔离移动终端上的企业/私人数据或应用,禁止企业数据被个人应用非法上传、共享和外泄,同时禁止企业应用访问个人数据,尊重移动终端上的私人数据是一个难以避免的问题。

6.3.2 解决方案

针对企业面临的移动办公安全风险及企业需求,公有云环境安全解决方案应运而生。该解决方案充分地结合了最新研发的国内领先的公私隔离与安全技术,能够有效地监测和管理移动终端的使用,使得企业更安全地推行移动信息化。企业不用再担心移动终端受到木马病毒的威胁从而泄露企业数据的问题、移动终端丢失或者被窃而导致的企业数据泄露问题、移动终端成为入侵企业网络的渠道问题,以及员工恶意泄密问题。帮助移动电子政务发展中在享受移动办公带来的成本下降、效率提升的同时加强对移动设备的管理控制以及安全防范。

基于公有云解决方案的系统架构如图 6-3 所示。

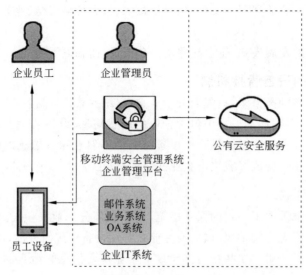

图 6-3　公有云方案系统架构图

公有云环境安全解决方案可以轻松实现以下功能需求。

1. 设备统一管理

对所有移动终端设备进行统一注册、管理,实现设备信息的统一呈现;对移动终端设备下发对应的安全策略,并对违规设备检测进行相应的处理。

2. 应用统一下发

建立自己的应用商店,企业开发的所有内部 App 均可以第一时间通过此应用商店推送给所有的终端设备,对应用统一下载安装更新,实现应用黑白名单等。

3. 公私数据隔离

通过移动沙盒技术有效隔离企业和私人数据,形成独立的办公工作区,运行或存储在该工作区的数据均经过加密,保证终端设备上企业数据信息的安全。

4. 数据远程擦除

可以远程擦除工作数据、远程锁定设备、终端地理位置信息查询、注销用户,避免因为设备丢失或员工离职造成数据泄露。

5. 病毒查杀

提供了病毒木马查杀功能,使移动设备免受病毒侵扰,同时避免成为攻击者渗透企业内网的跳板。

6.3.3　方案优势

1. 设备安全

设备安全提供了各种集中管理控制的功能,使得管理员对终端设备从注册、使用到删除的整个设备全生命周期都能完全掌控。并且为了保证移动终端的安全,移动终端安全管理系统提供强大的设备指令下发、地理定位管理以及安全策略管理的功能。

2. 应用安全

企业管理中心建立了一个专用的工作区空间,用于生成企业私有的应用市场,规范了企业移动设备应用的下载和使用。为了保证企业移动应用的安全性,系统采用了应用加固技术,对上传到企业应用市场的应用进行封装加固处理,可以有效预防企业应用遭受逆向威胁,保证工作区内使用的移动应用安全可靠。

3. 数据安全

采用 AES256 算法以及 SM 系列国密算法处理数据,对移动终端上工作区内的企业数据进行高强度加密,同时提供安全可靠的密钥管理,确保企业数据在多终端复杂环境下的安全。企业内部应用或第三方应用产生的数据,都安全地加密存储在工作区,仅工作区内的应用程序可以访问查看,保证企业数据安全地存储在工作区。对于重要秘密文件,系统还提供阅后即焚功能,下发的消息或文件不会保存在本地,员工浏览完消息和文件就会消失,从源头上保证文件资料不被泄露。

4. 病毒查杀

集成移动终端杀毒引擎,管理员可选择性地对设备进行杀毒防护,查看杀毒结果,保障移动终端免受病毒木马干扰。还可以通过控制台进行杀毒病毒库升级、杀毒实时监控。

6.4　大型活动无线安全解决方案

6.4.1　背景及需求

在移动互联网时代,大型活动现场例如会展、赛事、演出等,无线网络覆盖几乎已经成为必要条件。同时,随着网络媒体和社交应用的不断推陈出新,因而产生复合型需求下的Wi-Fi 网络的运行情况远比单一用网需求要复杂。

大型会场或发布会、演唱会厅等场景,具有用户密度高、流动率大和应用复杂的特点。由于大型场地的建筑环境、人员密度和分布、终端设备需求各有不同,因此对上网服务要求很高。而大型活动历来是无线攻击的高发地带,比如大家熟知的 Wi-Fi 绵羊墙便起源于黑客大会。

因此在大型活动中,无线网络主要面临以下挑战。

(1)非活动官方私建的热点数量较多,难以精确识别,并采取相应的防护手段。

(2)在大型活动中,无线使用人员较多,容易出现 Wi-Fi 难以连接等问题,攻击者可能趁此机会建立钓鱼热点,获取数据。

(3)大型活动网络环境复杂,连接设备数量较多,对接入网络设备难以管理。

(4)大型活动范围内出现的网络热点安全状况难以判断。

(5)大型活动覆盖面积较大,对非法设备难以精确阻断。

6.4.2　解决方案

针对大型活动无线网络遇到的安全风险和需求,奇安信集团推出了一套无线安全整体解决方案。该方案从无线攻防的角度进行设计,以数据捕获能力、协议分析能力为基础,可以精准识别攻击行为并快速对威胁进行响应,不间断地对无线网络进行监测并将无线入侵拒之门外,保护无线网络边界安全。以快捷、直观、全面的管理方式提高管理效率、降低管理难度,可协助无线网络管理员了解无线环境安全状况,为公共无线网络安全建设和防御提供决策依据。另外,简易的部署方式不改变用户原有网络结构,节省用户投资,独立的无线收发引擎设备可提供更专注更高效的安全保护。

该方案不仅能检测和阻断钓鱼热点,还可以给无线网络提供看得见的能力。管理员可通过奇安信无线安全防御系统可视化界面查看周围的无线热点、终端运行情况,根据规则判断热点的安全性和黑白属性,同时进行无线攻击检测,包括伪造合法热点攻击、钓鱼攻击、泛洪拒绝服务攻击、Wi-Fi 破解攻击等。无线安全防御系统可以精确识别覆盖范围内出现的热点并对其进行识别。同时,无线安全防御系统还可以精确识别接入大型活动官方无线网络中的所有设备信息,为大型活动中的无线网络安全提供有力保障。无线安全防御系统具有独特的攻击检测引擎及专利识别技术,可对数据包进行分析,精确判断无线攻击行为,并及时进行攻击阻断。

无线安全防御系统给管理者提供了看见的能力,使无线安全不再虚无缥缈,辅之以识别、阻断、定位 3 大模块功能,真正做到无线安全,内守外防。同时可以帮助会议主办方进行人流量、热度等可视化分析。

6.4.3　方案优势

1. 无线防御实时监测

通过持续关注当前无线网络的安全状况来保证无线网络安全。通过部署高性能无线数据收发引擎装置,持续捕获当前无线环境中所有的数据流量,并将数据流量实时传输到中控服务器进行实时安全性分析。

2. 无线网络状况展示

无线安全防御系统利用分数及颜色的直观变化,展现当前区域的无线安全变化情况,并在区域存在风险情况下以分类的形式向管理员描述系统当前存在哪些风险。

3. 精确阻断

本方案配合实时监测功能,实时查看活动范围内可能存在的钓鱼热点,及时阻断连接钓鱼热点的设备,并且可以阻止设备再次连接,有效地保证参与活动人员的无线安全。

6.5　企业办公无线安全解决方案

6.5.1　背景及需求

随着网络技术的不断发展,有线网络已经不能满足现代化企业的办公要求,而无线网络由于不受网线和地点的束缚,越来越受到了人们的青睐。无线其实是把双刃剑,无线办公给企业带来无限便利的同时,也因无线的空间蔓延特性,打破了原来有线的物理边界,从而带来信息安全问题。

在企业中,无线网络主要面临以下安全问题。

(1)打破了网络边界。无线带来的安全问题,首先是打破了企业的网络边界,没有无线之前,如果要想接入企业内网,需要越过门卫进入企业的大门。而现在,可经常在墙外获取到企业的内网无线信号,这给了入侵者可乘之机。

(2)打破了终端边界。BYOD 使自有终端变成了办公终端,除了笔记本,手机也成为办公终端,通讯录、移动 OA、会议 App 等已经成为企业办公人员手机的标配。终端自由移动和接入不同的网络会带来系统被入侵的威胁,最终导致企业内网被入侵。

(3)流氓 Wi-Fi 给企业带来致命威胁。企业的有线网络往往没有准入,可以直接接入。而员工从有线网络中私接 Wi-Fi 出来,会导致其他人也可以无准入地进入企业内网。

(4)Wi-Fi 攻击成本越来越低。钓鱼 Wi-Fi 攻击门槛非常低,多数攻击工具可以非常容易地从互联网中获得。

(5)员工私建热点,安全性低,易被破解。

(6)无线 Wi-Fi 不固定,增大管理和排查难度。

6.5.2　解决方案

针对当前企业无线网络遇到的安全风险和需求,奇安信集团面向企业级无线应用环境推出了无线安全防御系统。该系统内置攻击规则库,可以分布式部署,方案可扩展性强,能够 7×24h 不间断地保护无线网络的安全。无线安全防御系统本身不具备无线上网功能,且独立于企业内网,因此不会受到黑客攻击,设备自身足够安全、可靠。

无线安全防御系统基于奇安信在无线安全领域的攻防能力与自身安全管理的经验,将无线通信、无线攻防、大数据分析与挖掘等技术相结合,可以确保企业的无线网络边界安全、可控。

无线安全防御系统由收发引擎、中控服务器、Web管理平台组成,属于软硬件一体化的综合性解决方案。由于采用B/S架构,需要根据企业规模和部署要求,配置相应性能的中控服务器和相应数量的收发引擎。每个收发引擎在空旷环境下可以覆盖300m²的物理空间。方案部署安装方便,基本不会对企业现有的网络环境造成影响。对于未知热点的阻断可以自动实现,也可以管理员手动操作。自动实现就是通过对黑白名单的策略设置,对黑名单内的热点进行批量阻断,也可以对那些有攻击行为的热点进行识别并采取自动阻断;手动实现就是对那些安全性较低的热点进行手动阻断,从而提升企业无线边界的安全。

6.5.3　方案优势

1. 恶意热点精确阻断

对于入侵防御设备而言,有效的通信阻断方式作为抑制攻击的有效方式,是不可或缺的。本解决方案的阻断方式采用无线链路层协议阻断机制,配合三频双模的无线攻击检测技术,其优势在于以更短的时间、更低的发射功率,达到精确且持续的阻断效果。

2. 安全事件智能告警

当监测到无线攻击事件发生或检测到恶意热点存在时,向管理员提供告警信息,事件分析与告警引擎可有效降低无线安全事件误报率、极大提高管理员工作效率、降低维护工作量,让事件告警更智能。

3. 黑白名单智能管控

本方案从管理者角度出发,向用户提供热点及终端黑白名单管理功能。管理员根据安全策略对当前无线网络环境内的热点及终端进行分类,属于合法热点和终端的就划分至白名单,安全属性未知的则划分至未知名单中,有可疑行为的热点或终端则划分至黑名单中。

4. 精确定位跟踪

在本方案中当管理员通过传统的无线入侵监测系统监测到恶意热点、违规使用的终端或无线攻击事件时,管理员能够快速地跟踪威胁热点或设备,或定位无线攻击事件发生的源头,并采取行动消除安全隐患。

6.6　无线城市安全解决方案

6.6.1　背景及需求

城市信息化水平是城市竞争力、创新力、发展潜力的重要保障。作为智慧城市的一个重要组成部分,无线城市建设已成为衡量城市竞争力的重要标准,并在全球范围内掀起建设热潮。

无线城市的建设可以提高政务效率和服务效能,更加便捷地服务市民,更好地促进城市发展。然而,无线城市建设现在面临各种挑战。

无线城市 Wi-Fi 覆盖建设包括医疗卫生机构、交通场站、政府机关、公园景区、文化场馆和体育中心等区域,随着无线热点的普及,人们对无线 Wi-Fi 的依赖程度也越来越高,然而随之而来的无线安全问题也日益严重。

无线城市 Wi-Fi 网络所面临的安全威胁大体可分为两种:一是黑客通过无线攻击入侵城市 Wi-Fi 公共平台内部,获取内部信息,或影响无线网络的正常运行;二是如何实施监控城市公共 Wi-Fi 无线网络中存在的攻击及非法热点,例如,DoS 攻击、暴力破解、钓鱼攻击等。无线城市主要面临以下一些无线问题。

1. 缺乏无线网络威胁监控手段

城市公共 Wi-Fi 网络建成后将应用到百姓就医、政府办公、交通出行、休闲娱乐等日常生活和工作。但无线局域网传输作为开放的传输介质,很容易被用来发动 DoS 攻击。此外,IEEE 802.11 MAC 协议中的 soft spots 也是被用来作为发动 DoS 攻击的漏洞。发动 DoS 攻击可以造成整个无线局域网络瘫痪,然而,从互联网上可以轻易获得各种 DoS 工具,如 AirJack、FataJack、Void11、Fake AP 等。

2. 缺乏无线网络安全评估手段

无线城市对于目前公共无线网络的安全性没有整体评估手段。例如,对于合法设备的安全性设置情况,如是否启用了适当的加密手段、是否启用了适当的安全策略等。也无法得知在公共范围内,是否有人恶意搭建的钓鱼 AP,无法得知公共无线网络是否受到攻击和威胁。例如,无线网络是否受到了 DoS 攻击,是否有人在对合法 AP 进行暴力密码破解等。

3. 非法热点

在很多内部办公场所,员工为了方便上网,私接无线 AP 是快速方便的无线接入的典型方式,他们安装的 AP 几乎没有任何安全控制(例如,接入控制列表、Wire Equivalent 协议、IEEE 802.1x,IEEE 802.11i 等)。由于这些 AP 可以连接到网络中的任何以太网接口,也就可以无视已有的 WLAN 安全控制点(如 Wi-Fi 交换机和防火墙)。私接 AP 的无线电覆盖无法被所在建筑物完全屏蔽,非法用户这时就可以通过这些私接 AP 溢出的无线电覆盖连接到网络。不可见的电磁场使得管制这种意外活动变得很困难,即使察觉到它们的存在,找到它们同样很困难。

4. 终端不当连接

终端的不当连接也是合法用户终端与非法热点 AP 建立的连接。一些部署在办公区周围的 AP 可能没有做任何安全控制,办公区内的用户就可能与这些外部 AP 建立连接。一旦这个客户端连接到外部 AP,内部可信赖的网络就置身风险之中,外部不安全的连接通过这个客户端就接入内部网络。考虑到无线网络的安全状况,要防止特定区域内的合法用户与外部 AP 建立连接,进而导致内部信息外漏的情况。

根据城市公共 Wi-Fi 无线网络的建设现状以及风险分析,城市公共 Wi-Fi 无线网络应着重解决如下安全需求。

1）安全评估

对于无线网络的安全防御,首先需要对无线网络的安全状况有清晰的了解。了解管理范围内的 AP 情况,可以区分出哪些是合法的 AP,哪些是非法私搭乱建 AP;了解合法 AP 的安全设置情况,是否有弱密码,是否开启了适当的加密手段,是否启用了适当的安全策略等;另外,还需要了解当前无线网络,是否在受到诸如 DDoS、暴力破解密码等攻击。

并根据以上情况,对网络的整体情况进行综合打分,使网络管理人员可以对网络的整体安全情况一目了然。

2）热点管理

AP 热点是无线网络的重要组成部分,只有加强 AP 的管理,无线网络才有安全的基础。对于非法 AP,不但要能够进行压制,避免有终端有意或者无意地进行连接,还要能够对其进行定位,快速找出私搭乱建者的位置,以便下一步处理。

3）攻击检测预警

对于 DDoS 和暴力破解等攻击,需要能够及时发现,及时预警,以便管理员采取相应手段进行应对。

4）终端接入管理

为了确保终端的安全,避免终端在无意之间连接到钓鱼 AP,造成信息泄露,需要设置终端可接入 AP 的范围。

6.6.2 解决方案

针对当前无线城市公共 Wi-Fi 建设遇到的安全风险和需求,奇安信集团为了解决当前无线网络安全问题,专门制定了一套整体解决方案,即无线安全防御系统。该方案从无线攻防的角度进行设计,以数据捕获能力、协议分析能力为基础,可以精准识别攻击行为并快速对威胁进行响应,不间断地对无线网络进行监测并将无线入侵拒之门外,保护无线网络边界安全。以快捷、直观、全面的管理方式提高管理效率、降低管理难度,可协助无线网络管理员了解无线环境安全状况,为公共无线网络安全建设和防御提供决策依据。另外,简易的部署方式不改变用户原有网络结构,节省用户投资,独立的无线收发引擎设备可提供更专注更高效的安全保护。

为了满足无线城市公共 Wi-Fi 系统的更高安全要求,为无线网络安全提供更多保护,无线安全防御系统主要由中控服务器、收发引擎和 Web 管理平台组成。系统基础架构组成如图 6-4 所示。

管理员通过访问 Web 管理平台,能够及时发现是否存在私建热点、伪造热点等违规行为,及时对可疑热点进行阻断和定位,将无线网络安全威胁拒之门外。同时,系统提供热点分布概况分析、客户端连接热点趋势分析以及安全事件汇总等核心数据,帮助无线城市公共 Wi-Fi 系统制定更加有针对性的无线网络防护策略。

考虑到无线城市公共 Wi-Fi 总体建设范围广、覆盖面积大、涉及 AP 终端数量较多的特点,无线安全防御系统采用分布式多级部署方式,使用二级架构为城市公共 Wi-Fi 网络提供安全防护,架构设计如图 6-5 所示。

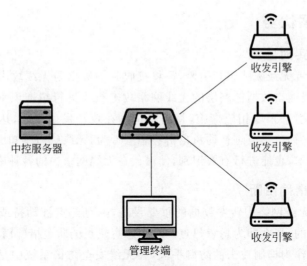

图 6-4　无线安全防御系统基础架构图

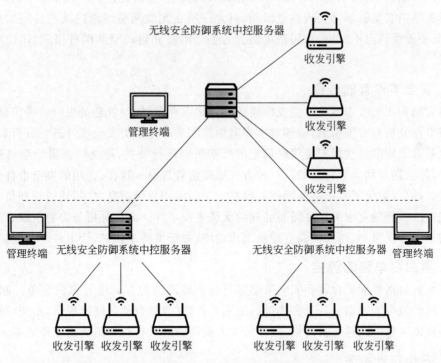

图 6-5　无线安全防御系统多级部署架构图

其中,设置一级总管控中心,用于管理一级系统范围 AP 收发引擎;在重点区域核心区域如政府机关、交通场站、体育中心、公园景区、文化场馆等设置多个二级管理分控制中心,用于管理辖内 AP 收发引擎并定期向一级管控中心上报运行情况,同时一级管控中心可集中对全市下发无线安全策略,二级中心也可根据自身无线环境特点定制本级中心的策略。

6.6.3　方案优势

1. 无线防御实时监测

中控服务器内置无线威胁感知引擎,可将接收到的数据与无线攻击特征库进行智能比对,能够针对无线网络数据链路层的无线网络攻击行为进行精准识别。一旦发现恶意行为立即通知收发引擎采取相应措施,将威胁抑制在攻击发生之前,达到实时监测的目的。同时,针对建立钓鱼热点进行钓鱼攻击等恶意行为,无线威胁感知引擎通过热点安全策略关联性分析技术,也能进行有效识别,使潜伏在无线网络中的各种威胁无处可藏。

2. 恶意热点精确阻断

Wi-Fi 热点是无线网络中转发数据的重要设备,一旦热点被劫持或其本身就是作为攻击手段而被建立的,那么即为恶意热点。对于恶意热点的防范措施而言,有效而精准的无线热点阻断方式作为抑制攻击的防御手段,在无线安全防御系统中是不可或缺的。本解决方案的阻断方式有别于其他无线入侵方式系统所使用的射频干扰技术进行范围大、辐射强的阻断,而是使用技术领先的协议阻断机制进行精准且智能的恶意热点阻断方式。通过设置黑白名单机制来实现热点阻断,可允许所在无线网络区域内某些特定的热点可用,而其他无线热点不可用,该阻断策略分为手动阻断和自动阻断两种模式,用户可自定义设置。

3. 安全事件智能告警

当监测到无线攻击事件发生或检测到恶意热点存在时,向管理员提供告警信息,本方案搭载事件分析与告警引擎,能够对本方案中控服务器上报的安全事件进行分析和筛选,并在此基础上将事件按照安全策略设定的严重级别进行分类,筛选后告警信息将通过邮件提醒、首页提示和告警日志展示三种方式展现给管理员。这样,无用的安全事件告警信息将大大减少,避免了真正的问题被淹没在大量的无用告警信息之中,使得管理员在管理界面就可以看到他真正关注并需要处理的无线安全事件。事件分析与告警引擎有效降低无线安全事件误报率、极大提高管理员工作效率、降低维护工作量,让事件告警更智能。

4. 黑白名单智能管控

本方案根据管理员设置和安全策略进行自动监测两种方式进行黑白名单控制,将监测到的热点或终端按以上分类方式进行区别对待,在设置自动阻断前提下,系统可自动阻断和隔离黑名单中的热点及终端,这样可大大提高管理员排查和阻断的工作效率。

5. 安全审计报表

本方案可根据管理员的需求灵活生成无线安全威胁报告,并可在生成后自动发送至管理员邮箱,方便管理员抄送至领导邮箱,提高管理员工作效率。同时,管理员也可查看过往已生成的报告。无线安全威胁报告包括安全概览、恶意热点处理、恶意热点分布、无线攻击分布和安全小结。安全概览可帮助读者通过整体安全指数快速概览当前无线安全状态,并可知道哪个区域安全指数最高、哪个区域安全指数最低以及恶意热点和无线攻击的趋势是如何的。恶意热点(攻击事件)处理及分布向读者展示报告周期内,热点及攻击事件的处理状况和分布情况,帮助管理员进行有针对性的排查。由于系统支持分布式多区域的部署方式,因此管理员可选择指定区域详细查看该区域的无线安全状况,可以根据报表中的安全小结采取相应措施。

6. 无线网络状况展示

本方案运用多种统计方式为管理员从多方面展现无线网络状况。系统利用饼状图、柱状图以及趋势图等为管理员展现不同设备在当前区域内的状态。当部署本解决方案后,管理员便可了解整个公共 Wi-Fi 无线网络安全概况。

7. 多区域管理

本方案为满足 Wi-Fi 系统建设的环境不局限于一个地方,涉及面积不断扩大、办公区域逐渐增多、跨地区广泛的要求,率先在无线安全防御类产品中支持基于人员与角色的多中控、多区域的管理架构,能够极大简化区域管理。通过这种管理架构,可将原本各自孤立的无线安全孤岛连接起来,既能使总部的安全策略顺利上传下达,各分部区域内又可以灵活管理,使整个无线网络安全管理效果不因地域而受限,不因人员而不同。同时为了避免管理“越界”,可以定义基于角色的无线安全管理机制,每个管理员仅能对属于自己的区域及功能进行管理。

8. 精确定位跟踪

本方案使用传感器三点定位技术以及数据挖掘算法,对收发引擎覆盖范围内的无线热点及终端进行精确定位,以帮助管理员能够快速地跟踪威胁热点或设备,或定位无线攻击事件发生的源头,并采取行动消除安全隐患。

9. 产品独立部署

本解决方案采用独立的分布式部署传感器的方式,不改变原有网络配置和无线网络性能,能做到基本实时探测和阻断无线热点,响应速度和效率均优于传统的无线安全防御系统。改变了传统的无线安全防御系统的众多不便之处,如传统的无线安全防御系统使用无线接入(AP)在其空余时检测无线局域网,并对异常信号进行阻断,响应实时性及效率均不理想,并且需要全部部署带有无线防御功能的 AP。

附录 A
英文缩略语

1G	The 1st Generation	第 1 代移动通信技术
2G	The 2nd Generation	第 2 代移动通信技术
3G	The 3rd Generation	第 3 代移动通信技术
4G	The 4th Generation	第 4 代移动通信技术

A

AAD	Additional Authentication Data	附加鉴别数据
AP	Wireless Access Point	无线访问接入点
ANVA	Anti Network-Virus Alliance of China	中国反网络病毒联盟
AES	Advanced Encryption Standard	高级加密标准
A-GPS	Assisted GPS	辅助 GPS 技术

B

BWA	Broadband Wireless Access	宽带无线接入
BYOD	Bring Your Own Device	自己携带设备办公

C

CNNIC	China Internet Network Information Center	中国互联网络信息中心
CCMP	Counter Mode/CBC-MAC Protocol	计数模式/CBC-MAC 协议
COPE	Corporate-Owned Personally-Enable	配发移动设备用于办公

E

EDGE	Enhanced Data Rate for GSM Evolution	增强型数据速率 GSM 演进技术
EMM	Enterprise Mobility Management	企业移动管理

G

GSM	Global System for Mobile Communication	全球移动通信系统

I

IMSI	International Mobile Subscriber Identification Number	国际移动用户识别码
IV	Initialized Vector	初始化矢量

M

MBWA	Mobile Broadband Wireless Access	移动宽带无线接入
MSDU	MAC Service Data Unit	MAC 服务数据单元
MIMO	Multiple-Input Multiple-Output	多变量控制系统
MPDU	Medium Protocol Data Unit	媒体协议数据单元
MAM	Mobile Application Management	移动应用管理
MCM	Mobile Content Management	移动内容管理
MDM	Mobile Device Management	移动设备管理

O

| OFDM | Orthogonal Frequency Division Multiplexing | 正交频分复用技术 |
| OSA | Open System Authentication | 开放系统认证 |

P

| PSK | Pre-shared Key | 预共享密钥 |

R

| RF | Radio Frequency | 射频 |

S

| SKA | Shared Key Authentication | 共享密钥认证 |
| SSID | Service Set Identifier | 服务集标识 |

T

| TKIP | Temporal Key Integrity Protocol | 临时密钥集成协议 |

V

| VPN | Virtual Private Network | 虚拟专用网络 |
| VANET | Vehicular Ad Hoc Network | 移动车载自组织网络 |

W

WWAN	Wireless Wide Area Network	无线广域网
WMAN	Wireless Metropolitan Area Network	无线城域网
WLAN	Wireless Local Area Network	无线局域网
WPAN	Wireless Personal Area Network	无线个域网
WBAN	Wireless Body Area Network	无线体域网
WSN	Wireless Sensor Network	无线传感器网络
WEP	Wired Equivalent Privacy	有线等效保密
WPA	Wi-Fi Protected Access	Wi-Fi 受保护的访问
WPS	Wi-Fi Protected Setup	Wi-Fi 保护设置

参考文献

[1] 中国互联网络信息中心. 中国互联网络发展状况统计报告[EB/OL]. http://cnnic.cn/gywm/xwzx/rdxw/20172017_7056/201902/W020190228474508417254.pdf，2018.

[2] 360 互联网安全中心. 2018 年中国手机安全状况报告[EB/OL]. https://zt.360.cn/1101061855.php? dtid＝1101061451&did＝610107232，2018.

[3] 360 互联网安全中心. 2018 年 Android 恶意软件年度专题报告[EB/OL]. https://zt.360.cn/1101061855.php? dtid＝1101061451&did＝610100815，2018.

[4] 360 互联网安全中心. 2018 年度安卓系统安全性生态环境研究[EB/OL]. https://zt.360.cn/1101061855.php? dtid＝1101061451&did＝610082749，2018.

[5] 360 互联网安全中心. 2019 年第一季度中国手机安全状况报告[EB/OL]. https://zt.360.cn/1101061855.php? dtid＝1101061451&did＝610192924，2019.

[6] 安华萍，贾宗璞. 3G 移动网络的安全问题[J]. 科学技术与工程，2005，5(6)：375-377.

[7] 朱艺华. 无线移动网络的移动性管理[M].北京：人民邮电出版社，2005.

[8] 胡爱群，李涛，薛明富. 移动网络安全防护技术[J]. 中兴通讯技术，2011,17(1)：21-26.

[9] 宋丽丹. 维护移动网络时代国家意识形态安全[J]. 求是，2015,(8)：9-11.

[10] 陈曼青，武子荣. 基于 4G 的移动网络安全问题研究[J]. 信息通信，2014,(10)：192-193.

[11] 常英贤，陈广勇，石鑫磊，等. 移动网络安全防范技术研究[J]. 信息网络安全，2016,(4)：76-81.

[12] 季元. 移动网络安全防护技术[J]. 数字技术与应用，2016,(11)：211.

[13] 魏伟. 移动网络安全加固项目规划与实施[D]. 济南：山东大学，2011.

[14] 巢新蕊. 怎样维护移动网络安全[J]. 电子商务世界，2007,(2)：94-95.

[15] 武晓婷. 2015 年度移动网络安全大事件盘点 移动终端安全警报频发 谁动了你的手机？[J]. 信息安全与通信保密，2016,(2)：32-33.

[16] Rhee M Y,李迈勇，葛秀慧. 无线移动网络安全[M]. 北京：清华大学出版社，2016.

[17] 万轶. 浅论如何加强移动网络安全建设[J]. 网络安全技术与应用，2016,(12)：107-108.

[18] 王翔明，刘文豪，张再军. 移动网络安全研究现状概述[J]. 科学与财富，2016,(3)：461-461.

[19] 任伟. 无线网络安全[M]. 北京：电子工业出版社，2011.

[20] 黄凌. 无线网络安全[J]. 科技信息，2010,(32)：264-265.

[21] 中国密码学会. 无线网络安全[M]. 北京：电子工业出版社，2011.

[22] Hurley G. Kanclirz J Jr. Baker B,Bames C, et al. 无线网络安全[M]. 杨青，译. 北京：科学出版社，2009.

[23] 任伟. 无线网络安全问题初探[J]. 信息网络安全，2012,(1)：10-13.

[24] 巴恩斯. 无线网络安全防护[J]. 计算机安全，2003,(2)：62-64.

[25] 李园，王燕鸿，张钺伟，等. 无线网络安全性威胁及应对措施[J]. 现代电子技术，2007,30(5)：91-94.

[26] Aspinwall J. 无线网络——安装、调试与维护[M]. 冯军，译. 北京：电子工业出版社，2004.

[27] 刘焱. WiFi 接入对网络构成的威胁及防范对策研究[J]. 计算机光盘软件与应用，2014,(19)：57-58.

[28] 苏智睿，金丽娜，刘鑫. WiFi 安全挑战与应对[C]. 第 24 次全国计算机安全学术交流会，2009.

[29] 徐龙雨. 恶意 WiFi 检测与防护技术的研究与实现[D]. 北京：北京交通大学，2017.

[30] 彭海深. 基于 WiFi 的企业网信息安全研究[J]. 科技通报，2012，28(8)：145-147.

[31] 余秀迪，徐德. 无线 WiFi 的安全与防护[J]. 信息通信，2015，(6)：99-99.

[32] 孙健. 关于 WiFi 无线网络技术及安全问题解析[J]. 商情，2017，(41)：195-195.

[33] 谢政. 无线网络入侵防御系统的研究[J]. 信息与电脑，2016，(17)：175-176.

[34] 陈思姣. 802.11 无线局域网入侵防御技术研究[D]. 武汉：华中科技大学，2014.

[35] 徐小龙. 无线局域网主动入侵防御的研究[J]. 信息网络安全，2005，(7)：20-21.

[36] 马君，廖建新，朱晓民，等. 移动终端管理系统的关键技术研究[J]. 计算机工程，2007，33(16)：95-97.

[37] 梁鹏，李兵. 移动终端管理技术的研究[J]. 邮电设计技术，2007，(7)：40-43.

[38] 矢萩雅彦. 移动终端管理系统，移动终端，代理和程序[P]. 中国专利：1496637，2004-05-12.

[39] 陈长怡，杨广龙. 政企移动终端管理方案研究[C].IT 时代周刊论文专版，2014.

[40] 仵东涛，芮兰兰. 面向 BYOD 移动终端管理系统体系架构及流程实现[EB/OL]. 北京：中国科技论文在线，2015.

[41] Song Y J. "Bring Your Own Device (BYOD)" for seamless science inquiry in a primary school [M]. Computers & Education，2014.

[42] 张嘉伟. 一种进行移动终端病毒杀毒的方法及系统[P]. 中国专利：102222184，2011-05-17.

[43] 薛帆. 重新定义企业杀毒市场[J]. 网络运维与管理，2015，(6)：24-25.

[44] 叶杰铭. 基于 802.1x 协议扩展的可信网络接入原型系统[D].广州：华南理工大学，2011.

[45] 周兴东，胡永华，余琳，等. 企业级无线移动应用管理平台建设[J]. 云南电力技术，2009，37(2)：12-13.

[46] 魏星. Android 平台下移动应用管理的研究与实现[D].西安：西安电子科技大学，2016.

[47] 周兴东，张劲松. 企业级无线移动应用管理平台建设与思考[J]. 2009 年云南电力技术论坛，2013.

[48] 常清雪. 移动 Android App 安全检测分析与研究[J]. 网络空间安全，2016，7(2)：55-59.

[49] 苏圣魁，刘树发，王婷. 基于 Android 的 App 安全检测技术浅析[J]. 科技创新导报，2016，(13)：81-82.

[50] 赖海超，张君，朱晨鸣. 移动 App 安全及检测体系分析[J]. 计算机时代，2018，(1)：27-29.

[51] 杨光. 手机 App 安全性测试初探[J]. 计算机与网络，2014，(11)：46.

[52] 耿皓. Android App 安全性检测系统的设计与实现[D]. 北京：北京邮电大学，2015.

[53] 李旭姣. App 检测技术在移动互联网安全管控中的应用[J]. 电信快报，2017，(11)：32-36.

[54] 夏元轶，王磊，汪玲敏. 智能终端移动应用 App 加固方法[J]. 信息通信，2016，(2)：235-236.

[55] 赵跃华，刘佳. 安卓 App 安全加固系统的分析与设计[J]. 计算机工程，2018，44(2)：187-192.

[56] 辛东晔. 移动应用安全性检测与加固系统的设计[D]. 天津：天津大学，2016.

[57] 郭伟. 基于安卓系统的移动应用程序安全加固系统的设计[J]. 数字技术与应用，2016，(6)：201-201.

[58] 卢弋. 安全加固让移动应用成为"钢铁侠"[J]. 金融电子化，2015，(2)：86.

[59] 刘秀敏，汪宏春. 移动应用安全防护提升技术探讨[J]. 现代工业经济和信息化，2017，(19)：56-57.

图 书 资 源 支 持

感谢您一直以来对清华版图书的支持和爱护。为了配合本书的使用,本书提供配套的资源,有需求的读者请扫描下方的"书圈"微信公众号二维码,在图书专区下载,也可以拨打电话或发送电子邮件咨询。

如果您在使用本书的过程中遇到了什么问题,或者有相关图书出版计划,也请您发邮件告诉我们,以便我们更好地为您服务。

我们的联系方式:

地　　址:北京市海淀区双清路学研大厦 A 座 714

邮　　编:100084

电　　话:010-83470236　　010-83470237

客服邮箱:2301891038@qq.com

QQ:2301891038(请写明您的单位和姓名)

资源下载: 关注公众号"书圈"下载配套资源。

资源下载、样书申请

书圈

获取最新书目

观看课程直播